BIM 概论

主编　刘霏霏

北京航空航天大学出版社

内 容 简 介

本书介绍 BIM 技术,全书分为 5 章,内容包括 BIM 的基本知识、软件介绍、目标、应用及其在项目中的应用管理,由浅入深地介绍 BIM 的概念、作用以及对社会和行业的影响。

本书可作为职业院校建筑工程技术、建筑工程管理等建筑类专业的教学用书,也可作为 BIM 方向理论的教材,并可供工程一线的各类管理、设计人员参考。

图书在版编目(CIP)数据

BIM 概论 / 刘霏霏主编. -- 北京 ：北京航空航天大学出版社,2022.3
ISBN 978 - 7 - 5124 - 3747 - 0

Ⅰ. ①B… Ⅱ. ①刘… Ⅲ. ①建筑设计—计算机辅助设计—应用软件 Ⅳ. ①TU201.4

中国版本图书馆 CIP 数据核字(2022)第 041549 号

BIM 概论

主编 刘霏霏

策划编辑 董宜斌 责任编辑 王 实

*

北京航空航天大学出版社出版发行

北京市海淀区学院路 37 号(邮编 100191) http://www.buaapress.com.cn
发行部电话:(010)82317024 传真:(010)82328026
读者信箱：copyrights@buaacm.com.cn 邮购电话:(010)82316936
三河市华骏印务包装有限公司印装 各地书店经销

*

开本:710×1 000 1/16 印张:8.5 字数:181 千字
2022 年 4 月第 1 版 2022 年 4 月第 1 次印刷
ISBN 978 - 7 - 5124 - 3747 - 0 定价:49.00 元

编　委　会

前　　言

《BIM 概论》是在建筑施工技术和 BIM 管理技术飞速发展的情况下，通过校企合作、工学结合的模式编写的供建筑工程技术与管理人员使用的系列规划教材之一。全书介绍了 BIM 技术的理论和基本概念，并将理论内容与项目案例紧密结合，注重知识的科学性、实用性，体现了基本理论在实践中的应用，对提高读者的学习兴趣、方便教学与实际应用提供了支持。

本书为读者提供了较为全面的 BIM 技术的讲解，包括 BIM 的基本知识、软件介绍、目标、应用及其在项目中的应用管理等，力求让读者对 BIM 技术有一个较为全面的了解，以便在选择应用内容甚至方向领域的过程中更加清晰直观，也可以更具有针对性地学习相关软件。本书内容紧扣国家、行业制定的最新规范、标准和法规，充分结合当前建筑领域工程实际设计和施工，具有较强的适用性、实用性、时代性和实践性。

本书配套的素材、练习文件及相关教学视频见百度云盘，地址为 https://pan.baidu.com/s/1wmxAS_Yk8xZiOB3S6E28yw，提取码为 GOOD。

本书由刘霏霏任主编，杨琦、吴霄翔任副主编。浙江同济科技职业学院的吴霄翔、张杭丽编写第 1 章，杭州品茗安控信息技术股份有限公司的杨琦、周昀编写第 2 章，庞崇安、刘珊编写第 3 章，刘霏霏编写第 4 章，何琦编写第 5 章。全书由刘霏霏负责统稿。

本书在编写过程中得到了杭州品茗安控信息技术股份有限公司的大力支持，在此表示感谢。编者参阅了相关文献资料，谨向这些文献资料的作者致以诚挚的谢意。

由于时间仓促，书中难免有不足之处，敬请读者批评指正。

编　者
2021 年 11 月

目　　录

第 1 章

BIM 基本知识

1.1 BIM 概述

当前施工企业的软件应用环境除了建筑设计外,大多是围绕着二维工程图纸建立的,主要依靠二维图纸进行信息表达和工程应用。在这样的应用环境中,工程信息常由点、线、标注等符号信息组成,信息之间缺少关联,需要借助人为手段建立图纸与相关信息之间的关系。由于这种信息的组织和管理是一种结构化程度不高的管理模式,在信息传递的过程中,会因理解不同而造成传递故障,从而引起不必要的误解。

不同于传统的二维图纸,BIM 工程的施工存在特定的应用环境。BIM 提供的是一种数字化的统一建筑信息模型表达方式,通常由三维模型及其相关联的信息组成,信息是完整统一的,具有内在的关联性。这种表达方式通过信息的统一关联性,建立并实现了信息的组织和管理,其本质是一种结构化程度较高的管理模式。CAD 与BIM 的对比关系如图 1.1 所示。

在快速发展的 21 世纪,"可持续"建筑的发展越来越多地成为社会关注的重点,这种可持续的概念要求建筑设计除了对建筑的空间有很强的掌控能力外,同时增加了时间与能量两个向量,呈现出"五维"的特性,建筑设计进一步走向了复杂化。这就要求建筑从业者要以更快速、更节能,同时满足传统建筑行业成本低廉、管理效率高的方式去进行管理、设计与施工。在此大环境下,BIM 应运而生。它有机地结合了计算机仿真技术、计算机辅助设计、计算机科学技术、计算机图形学以及虚拟现实等技术,彻底改变了传统建筑行业在二维平面图纸下,面对大量繁杂的文字及表格的工作模式,取而代之的是一种更加形象立体的模型方式。它可以更加全面而真实地展现建筑工程的各类信息。

BIM 的出现是时代的产物,但由于 BIM 技术出现的时间较晚,历史较短且还在不断的发展过程中,所以在前期并没有一个很明确的定义。但各界对于 BIM 技术的

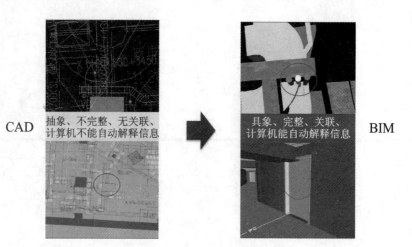

图 1.1   从 CAD 到 BIM

概念通常包括以下几个方面：

① BIM 技术涉及的内容包括建筑工程管理的方方面面,贯穿于建筑工程项目的全过程,而不仅仅是建立一个信息系统模型就可以完成的。

② 与传统的二维建筑工程设计和管理模式相比,BIM 技术具有精细、高效、信息统一的优势,BIM 技术的出现改变了传统建筑工程管理粗放的模式。

③ BIM 技术的出现将会引起建筑业新一轮的技术变革,使建筑行业面临更大的挑战和机遇。

此后,欧特克(Autodesk)首次提出完整的对于 BIM 的定义:建筑物在设计和建造的过程中,创建和使用"可计算"数字信息,这些数字信息能够被程序系统自动管理,使得经过这些数字信息所计算出来的各种文件,自动具有彼此吻合、一致的特性。BIM 是计算机辅助设计理念的进一步延伸。

这个概念一经提出,受到建筑各界的广泛关注,不断被专家学者们开发深化,最终对 BIM 的定义总结成以下三种:

① 建筑信息模型(Building Information Model)   是以三维数字技术为基础,集成了建筑工程项目各种相关信息的工程数据模型,是对工程项目设施实体与功能特性的数字化表达。(美国国家标准技术研究院)

② 建筑信息模型化(Building Information Modeling)   是一种应用于工程设计、建造、管理的数据化工具,通过对建筑的数据化、信息化模型整合,在项目策划、运行和维护的全生命周期过程中进行共享和传递,使工程技术人员对各种建筑信息作出正确理解和高效应对,为设计团队以及包括建筑、运营单位在内的各方建设主体提供协同工作的基础,在提高生产效率、节约成本和缩短工期方面发挥重要作用。

③ 建筑信息管理(Building Information Management)   是通过建立虚拟的建筑工程三维模型,利用数字化技术,为该模型提供完整的、与实际情况一致的建筑工程

信息库。该信息库不仅包含描述建筑物构件的几何信息、专业属性及状态信息,还包含非构件对象(如空间、运动行为)的状态信息。借助这个包含建筑工程信息的三维模型,可以大大提高建筑工程的信息集成化程度,从而为建筑工程项目的相关利益方提供一个工程信息交换、共享、管理的平台。

二维码 1.1　BIM 概念解读

建筑信息模型将项目全生命周期中不同阶段的工程信息、过程和资源整合到一起,通过三维数字技术模拟建筑物所具有的真实信息。

1.2　BIM 的特点

1.2.1　可视化

BIM 的可视化即"所见即所得",将建筑模型以三维立体的模式表现,再添加时间、成本等信息,使整个项目管理过程可视。

现有的主流三维包括 Sketchup、3Dmax、Magicad 等,主要是建筑设计师用于前期方案选择阶段进行可视化表达。这些软件的使用很大程度上减少了业主与设计师之间由于传统图纸表达不明确以及业主或最终用户专业技术受限等导致的沟通障碍。但是,由于软件开发过程中功能的专一性和局限性,不含有除构件的大小、位置和颜色以外的其他信息,缺少不同构件之间的互动性和反馈性,这些效果软件很难用于后期的信息交换和传递。对于设计师来说,除了使用此类软件进行前期方案推敲及后期的方案展示外,其大部分的设计工作仍然需要基于传统的 CAD 平台,使用平、立、剖三视图的方式进行表达并传递给其他专业人员进行下一步的设计和施工。而这种由于工具原因造成的信息割裂,在遇到项目复杂、工期紧张的情况时,十分容易出错。

BIM 的出现,利用其可视化的特点,可以从本质上解决这种由于软件问题造成的设计问题,避免了由于信息独立导致的传递故障,保证了信息的一致性。同时,通过工具质量的提高,使得设计师可以直接在三维环境下精确调整建筑参数,与业主进行更加准确、有效的对接。作为业主方,也可以利用 BIM 技术,打破专业壁垒,直接提出需求,即时得到可视化的方案效果,方便相互之间开展更好地沟通、讨论与决策。

　　BIM 可视化的特点不仅用于方案展示中(见图 1.2),更多的还可以与时间、能耗、成本等信息挂接,呈现出三维以外的 4D 甚至是 5D 的效果。将模型的三维信息与时间、成本绑定,在三维可视化的状态下,通过软件计算出对应时间的项目建造情况、成本情况及耗能情况等。这些技术手段可以在建筑项目周期的任一阶段(规划、设计、施工、运维等)开展,方便多方进行更好的沟通、讨论和决策。

图 1.2　三维可视化渲染效果展示

二维码 1.2　可视化视频

BIM 可视化有以下 3 个方面的作用：

① 碰撞检查，减少返工。利用 BIM 可视化的特点，将各专业的模型整合成一个文件，直观高效地检查各专业之间存在的碰撞问题，在项目施工之前发现管线碰撞的问题，优化管线，减少由于图纸问题造成的施工过程中的失误以及返工带来的影响，优化净空高度，使管线排布更加整齐美观。利用 BIM 的三维可视化，设计人员可以直接使用模型对施工人员进行技术交底，提高施工质量，并对管线进行检查，如图 1.3 所示。

图 1.3 可视化管线检查

② 虚拟施工，有效协同。在三维可视化的基础上添加时间维度，形成 4D 逻辑，可以进行模拟施工。随时随地观察项目的进展情况，并将项目实际进展情况与计划情况进行对比，同时进行有效协同，分析进展变动原因并调整方案。施工单位、监理单位和业主单位等都可以对项目情况了如指掌。

③ 三维渲染，宣传展示。三维渲染动画可以将建筑效果最真实地表现出来，并配合灯光效果、绿化景观等，在展示的过程中更加具有视觉冲击性，给业主留下深刻印象。结合 BIM 参数化建模的特点，可以随时修改建筑样式参数，调整方案，并重新进行效果渲染，做到既高效又美观。

江苏大剧院——基于 BIM 的一体化原创设计

欧特克

项目概况

江苏大剧院项目是一个集演艺、会议、展示、娱乐等功能于一体的大型文化综合体,用地面积共 19.663 3 万平方米,总建筑面积 271 386 平方米,建筑高度 47.3 米。

设计立意

在潮起潮落的长江之畔,蓄势兴建的江苏大剧院取意水之灵动,造型如同漂浮在生态绿野之上的 4 颗水珠。这 4 颗"水珠"内分别对应了歌剧厅、戏剧厅、音乐厅和综合厅,全部坐落在一个公共活动平台之上。场所的存在彰显层次丰富的立体空间设计,在基地内用流水的笔触塑造了自然有机的外部空间体系。夜晚的大剧院,光芒从浮华上演的艺术活动中漫溢而出,似水光摇曳,如画舫凌波。其效果图见图 1.4。

图 1.4 江苏大剧院鸟瞰效果图

室内空间的设计,巧妙利用天花板高度及开放性的转承起伏,避免大尺度的过当使用带来的平白与空洞。形式变化的韵律内外统一,焦点空间的处理体现了风格的简洁及意识的丰盛。沿掩映在树影之间的弧形步道拾级而上,露天剧场亦巧妙地将平台与地面上的人群汇聚于此。基地内的所有建构凭借其自身的戏剧性均可成为供游人品鉴的体验式景观。而华东总院在尽量保留基地上原有高大树木的前提下,将人工地景穿插其中。建筑浮出形态如水波涌动的绿野,植被悄然地抹去了平台与地面的交界。在向外倾斜的体量下面设置了充满趣味的供市民小憩的区域,体现了场所对使用者的人文关怀。

　　江苏大剧院为满足人民群众日益增长的精神文化需要而生,为完善城市功能、提高城市环境水平而建。华东总院真诚地希望创造一个将独特风貌与绝佳的公众艺术体验性合一的高品质观演空间,为古都打造更具现代魅力的城市生活新舞台。

项目难点

　　形态复杂——水滴状的建筑体量给幕墙设计、结构设计、机电设计都带来一定的难度,基于复杂曲面进行多专业设计,必然需要 BIM 技术的介入与支持。

　　可持续设计——江苏大剧院作为大型公共建筑,在提供观演功能服务的同时,有义务和责任为社会可持续发展做一份贡献。在设计过程中,华东总院充分利用 BIM 技术进行建筑的可持续性分析,用以优化设计。设计师利用 BIM 技术进行剧院内的声波分析,在短时间内获得精准的声学分析结果(见图 1.5),并根据其进行设计的调整。

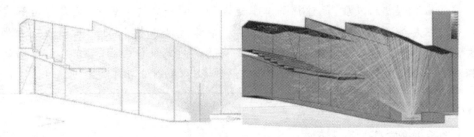

图 1.5　江苏大剧院关联声波线图

解决方案

　　1. 基于 BIM 的参数化设计

　　在 BIM 软件中完成建筑外壳找形,标高、放样曲线、断面曲线均可由参数控制。在确定建筑外壳后,依据结构设计形式在模型中的结构中心线模型,为结构计算提供准确定位,其中立柱个数、位置、结构厚度等均为可调参数。结构形式和位置确定后,对幕墙进行菱形划分,其中菱形的长宽比例、大小均为可调参数。幕墙划分确定后,依据一定的数学关系确定菱形开窗的位置和大小,大小为可调参数。由参数控制的建筑形体便于设计师依据专业分析结果,快捷地完成调整,高效、直观。

　　2. 基于 BIM 的视线分析

　　观演类建筑尤为关键的一点是观众座位的视线分析,借助 BIM 软件参数化的特性,将观众厅座位给予一定的排布逻辑,同时通过编写计算规则,计算设计方案中每一个座位的观众的水平视角、最大俯角。通过逻辑判断,找出不符合剧院设计规范的位置,为设计优化提供依据。通过参数的变换,及时调整布置,求解到最佳座位布置方案。

3. 基于 BIM 的可持续设计

BIM 除了实现高效的协同设计之外,也在可持续发展设计中发挥重要作用。借助 BIM 模型,设计师通过 Autodesk Vasari、Autodesk Ecotect Analysis、Autodesk Green Building Studio、Autodesk Simulation CFD 等专业分析软件,并结合其他软件在方案设计阶段反复测试和分析设计方案的建筑性能,以完善设计方案,提高设计品质。

4. 基于 BIM 的消防性能化分析

将 BIM 模型导入智能人员疏散软件中,添加疏散信息、人员信息,对消防性能进行分析,验证疏散设计是否合理,确保火灾发生时人员能够及时逃生,避免不必要的伤亡。

未来展望

BIM 的提出与发展,是对整个工程建设行业的一次技术变革,是引领工程建设行业信息技术走向更高层次的一项创新。在设计过程中,BIM 应用能为多专业协同设计带来显而易见的益处。作为业内著名的建筑设计企业,华东总院有责任探索出一条基于 BIM 技术的一体化原创设计之路,去创造与时俱进的辉煌。

1.2.2 一体化

建筑信息模型的关键在于信息传递的稳定性。通过使用 BIM 技术,完成建筑信息模型从规划阶段到设计阶段,再到施工运维阶段的全生命周期的建造和管理。将所有模型信息进行整合,在不同阶段向不同主体输送各自所需的信息,保证了信息传递的准确性和高效性。

以业主单位为主的项目为例,在整个项目中,利用 BIM 一体化的特点,如图 1.6 所示,可以在以下几个方面优化项目的管理流程:

1. 规划阶段一体化价值体现

在规划阶段,业主需对项目本身以及项目周边的情况有所了解,明确项目定位和项目价值,在要求较高的绿色建筑项目中,规划时需要考虑建筑的能耗、对周边的影响甚至是与周围建筑的契合程度等。利用 BIM 技术,业主单位可以通过已有的资料,对项目在规划阶段就运用计算机技术进行分析,获取所需要的数据并更加准确地对项目定位。图 1.7 所示为对建筑采光进行分析。

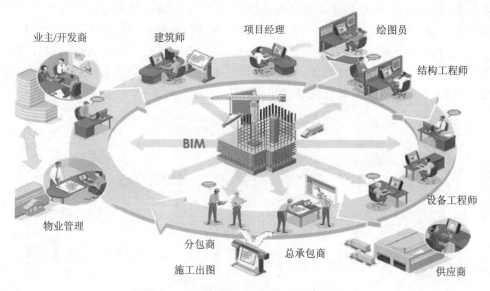

图 1.6　项目流程一体化(来自网络资源)

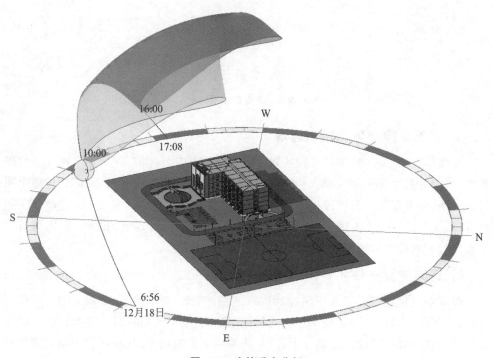

图 1.7　建筑采光分析

2. 设计阶段一体化价值体现

在已完成规划的基础上对建筑进行设计,确保前后数据的一致性。在设计阶段,将前期规划阶段产生的数据结果代入设计中,避免出现设计结果与规划定位不一致的情况。设计阶段共包括 5 大专业内容:建筑、结构、给排水、暖通、电气。传统模式下,专业设计相互独立,专业协调通过会议和 CAD 图纸进行交流。这种沟通方式效率低,易出错;而利用 BIM 技术,可以将设计一体化,所有设计参与方基于同一中心文件进行设计,确保了设计的准确性和高效性,如图 1.8 所示。

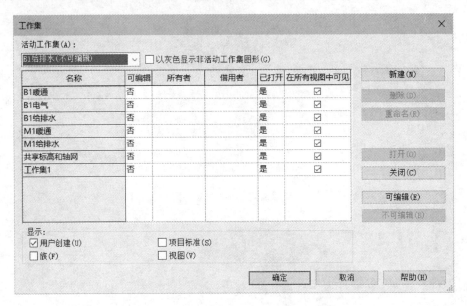

图 1.8　专业集成一体化

3. 施工阶段一体化价值体现

在项目施工阶段,业主单位需要对项目进展情况有具体的了解,除了前往项目现场之外,BIM 技术还可以协助业主单位,通过对 BIM 模型进行管控,从而管控整个项目。另外,由于在项目开展过程中,不可避免地会存在一些设计变更,这些设计变更也可以及时反馈在 BIM 模型中,将设计意图直接、准确地传递给施工单位,既节省了由于图纸变更带来的资源损失,又提高了交流的效率。

4. 运维阶段一体化价值体现

建筑在交付之后会投入使用,使用寿命从 10 年到 70 年不等,如果考虑市政桥梁等项目,其使用周期将会更长。在建筑物使用期间,均需要进行日常的运营和维护以确保建筑物可以正常使用。实际上,对于任何一个建筑物来说,它在使用期间需要被重视的程度远大于建造期间。而现有的运维方式通常是以人工的形式,配合一些数据记录仪器进行检查,再根据具体的需求定期或不定期地进行维护。这种方式工作效率低,难以确保在检查过程中将建筑物存在的问题全部反馈出来并进行维护。BIM 技术的出现解决了这一问题,通过为建筑模型赋予各种所需的信息,并配合检测建筑物的各种软硬件,可以直接使用前期做好的 BIM 模型,在运维平台上进行监测,降低工作成本,提高工作效率。

1.2.3　参数化

建筑行业参数化设计是将工程本身编写为函数与过程,通过修改初始条件并经计算机计算得到工程结果的设计过程,实现设计过程的自动化。

参数化设计是 BIM 软件的一个很重要的部分。参数化分成两个部分:参数化图元和参数化修改引擎。在 BIM 软件如 Revit 中,图元是以构件的形式出现,这些构件之间的不同,是通过参数的调整反映出来的,参数保存了图元作为数字化建筑构件的所有信息。参数化修改引擎提供的参数更改技术,使用户对建筑设计或文档部分所作的任何改动都可以自动地在其他相关联的部分反映出来,采用智能建筑构件、视图和注释符号,使每一个构件都通过一个变更传播引擎互相关联。构件的移动、删除和尺寸的改动所引起的参数变化会使相关构件的参数产生关联变化,任一视图下所发生的变更都能参数化、双向地传播到所有视图,以保证所有图纸的一致性,无须逐一对所有视图进行修改,从而提高了工作效率和工作质量。

在进行正向设计的过程中,建筑设计师可如图 1.9 所示的一样,利用软件对建筑形体进行参数调整,从而调整整个建筑形态,这样的案例也已得到实际应用。图 1.10所示为美国的梦露大厦,它似乎就是通过这样的方式完成的概念设计工作。

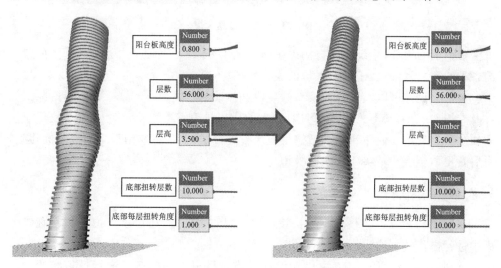

图 1.9　调整扭转角度参数改变建筑形态

在参数化设计系统中,设计人员根据工程关系和几何关系来提出设计要求。要满足这些设计要求,不仅需要考虑尺寸或工程参数的初值,而且要在每次改变这些设计参数时来维护这些基本关系,即将参数分为两类:其一为各种尺寸值,称为可变参数;其二为几何元素间的各种连续几何信息,称为不变参数。参数化设计的本质是在

图 1.10　美国梦露大厦

可变参数的作用下,系统能够自动维护所有的不变参数。因此,参数化模型中所建立的各种约束关系,体现了设计人员的设计意图。

参数化设计可以大大提高模型的生成和修改的速度,在产品的系列设计、相似设计及专用 CAD 系统开发方面都具有较大的应用价值。参数化设计中的参数化建模方法主要有变量几何法和基于结构生成历程的方法,前者主要用于平面模型的建立,而后者更适合于三维实体或曲面模型。

1.2.4　模拟性

BIM 的模拟性并不仅仅是模拟设计出的建筑物模型,还可以模拟不能在真实世界中进行操作的事物。

比如,在设计阶段,BIM 可以对设计上需要模拟的一些东西进行模拟实验。例如:节能模拟、紧急疏散模拟、日照模拟(见图 1.11)、热能传导模拟等。

在招投标和施工阶段可以进行 4D 模拟(三维模型加项目的进展时间),即根据施工的要求组织设计模拟实际施工,从而确定合理的施工方案来指导施工;同时还可以进行 5D 模拟(基于 4D 模型加造价控制),实现成本控制。图 1.12 所示即是在 Navisworks 软件中进行的 4D 施工模拟。

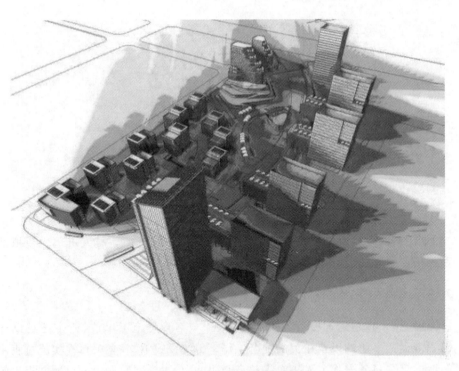

图 1.11　建筑物日照分析模拟

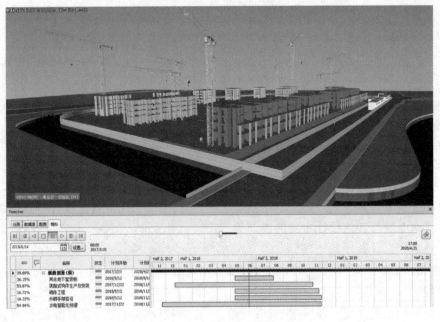

图 1.12　4D 施工模拟

二维码 1.3　施工模拟视频

后期运营阶段可以模拟日常紧急情况的处理方式,例如地震人员逃生模拟及消防人员疏散模拟等。

1.2.5　协调性、优化性

专业协调一直是建筑项目的重点内容之一,不管是施工单位、业主还是设计单位,都需要做诸多协调以及相关的配合工作。传统模式下,一旦项目在实施过程中遇到了问题,就要将各方相关人士组织起来开协调会,找到问题发生的原因并提出解决办法,然后作出变更及相应的补救措施来解决问题。

在设计时,往往会出现由于各专业设计师之间的沟通不到位而造成的各专业之间的碰撞问题。例如,暖通等专业中的管道在进行布置时,由于施工图纸是独立绘制在各自的施工图纸上的,因此在真正施工的过程中,可能会在布置管线时正好有结构设计的梁等构件或其他机电专业管线的阻碍,使所需管线不能按设计方案布置。诸如此类的碰撞问题只能在问题出现之后协调解决。BIM 的协调性特点可有针对性地帮助处理这种问题,也就是说,BIM 可在建筑物建造前期对各专业间的碰撞问题进行协调,生成协调数据,并以各方都可接收的形式进行传递。图 1.13 所示就是对风暖和桥架的碰撞协调。

当然,BIM 的协调作用并不是只能解决各专业间的碰撞问题,它还可以解决例如电梯井布置与其他设计布置及净空要求的协调、防火分区与其他设计布置的协调、地下排水布置与其他设计布置的协调等。

建筑项目从设计开始,到施工、运营的整个过程就是一个不断优化的过程。虽然,优化和 BIM 不存在实质性的必然联系,但通过 BIM 技术,施工人员可以实现更好的优化。

项目优化主要受三种因素的制约:信息、复杂程度和时间。没有准确的信息,做不出合理的优化结果,而 BIM 模型提供了建筑物的实际存在的信息,包括几何信息、物理信息和规则信息,还提供了建筑物变化以后的实际存在信息。当复杂程度较高

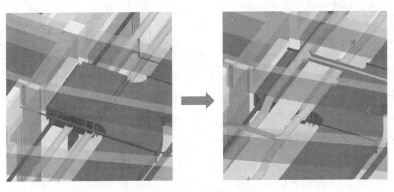

图 1.13　管线协调前后比对

时,参与人员本身的能力无法掌握所有的信息,需要借助一定的科学技术和设备的帮助。现代建筑物的复杂程度大多超过参与人员自身的能力极限,BIM 及与其配套的各种优化工具提供了对复杂项目进行优化的可能。时间作为优化的基础,项目越到后期,需要优化的内容越多,对于其准确性的要求也就越高,如多次单独优化工作量大,耗时又长。而借助 BIM 一体化的特点,在原有项目上进行叠加和优化,可不断完善项目主体。

BIM 的协调性和优化性相互依存,在专业协调的基础上进行优化,在优化过程中不断进行专业调整,两者相互结合,共同提高项目质量。图 1.14 所示为某项目地下室净高优化示意图。

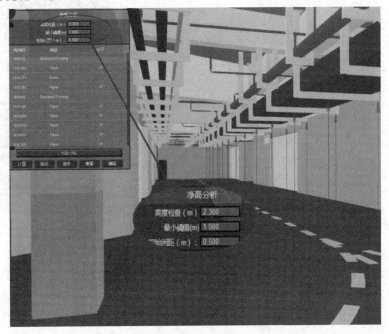

图 1.14　某项目地下室净高优化示意图

1.2.6　可出图性

BIM 技术作为一项新兴技术,正处在高速发展的阶段,技术成果和发展手段仍然处于探索阶段且普及率不高,很多企业都会由于软件或硬件等问题,只在项目某一过程或个别项目中使用。而小型企业,更是需要考虑成本问题,无法直接将 BIM 技术包含在项目中。因此,通过 BIM 技术输出的数据成果(如 BIM 模型等)不能作为直接成果进行提交,而是需要将其转化为传统模式,便于业主方验收和检查,这就是BIM 的可出图性。

BIM 模式下的图纸输出与传统意义上的 CAD 图纸存在一定的联系和差异。通过 BIM 技术输出的图纸,从样式、线型、图例上都可以与 CAD 保持完全一致;与CAD 图纸不同的是,BIM 技术是通过三维技术来建模的,因此,在平面、立面、剖面图纸的显示上具有联动性,也就是说,在使用 BIM 技术进行设计的过程中,只需要建立一遍模型,计算机就会自动生成平面、立面、剖面的图纸。如图 1.15 所示,图纸中将平面、立面、剖面图以及三维视图进行集合,当后期出现图纸变更时,同样也只需要修改模型,不用再对多张图纸逐一进行修改。这样,可以大幅减少因为图纸变更带来的精力和物力的浪费,也避免了由于设计师粗心而造成的图纸中平面、立面、剖面图无法准确对应的情况。

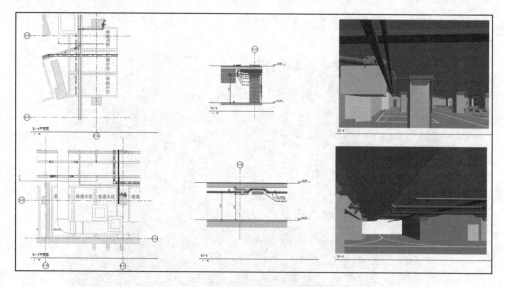

图 1.15　2D+3D 图纸表达

对于设计过程中较为复杂的局部,还可以采用二维图纸与三维模型相结合的形式,输出局部大样的详图,更好地帮助施工单位理解设计意图,减少沟通障碍,提高工作效率。

二维码 1.4　通过 BIM 技术输出的图纸

1.3　BIM 在国内外的发展

1.3.1　BIM 在国外的发展情况

BIM 的概念最早在 20 世纪 70 年代就已经提出,但直到 2002 年美国的 Autodesk 公司发表了一本 BIM 白皮书之后,其他一些相关的软件公司也加入其中,才使得 BIM 逐渐被大家了解。一年之后,美国联邦总务署(GSA,成立于 1949 年,每年预算约 263 亿美元)发起了 3D-4D-BIM 计划,要求到 2007 年,所有 GSA 项目全面 BIM 化,使 BIM 在美国得到快速发展。到 2006 年,CSI(Construction Specifications Institute)编制完成 AEC 万用标准 OmniClass。到 2007 年,全美建筑科学院 NIBS 推出酝酿已久的集大成者 BIM 标准——国家建筑信息模型标准(NBIMS),日后被各国效仿。到 2013 年,全美建筑科学院 NIBS 发布 BIM 指南,并且最近几年还一直在更新。

到目前为止,美国是第一个在全球范围内对 BIM 技术研究最彻底的国家。以北美、欧洲为代表的发达国家行业 BIM 应用发展迅速。根据国外权威机构的调查报告,北美地区工程项目采用 BIM 技术的比例从 2007 年的 28% 上升到 2009 年的 49%,后又快速上升至 2012 年的 71%,目前已有 75% 的工程公司采用了 BIM 技术。美国大型建筑设计、施工企业在 BIM 驱动项目中获得越来越多的收益,2012 年 BIM 项目收入最多的 10 家公司都取得了过亿美元的成绩,其中收益最多的三家建筑设计公司分别是 Gensler(484 286 130 美元)、HOK(385 700 000 美元)、HDR Architecture(299 828 000 美元)。

2011 年英国开展的全国 BIM 调研揭示,31% 的建筑业专业人士正在使用 BIM(2010 年该比例仅为 13%),且 78% 的受访者认可 BIM 是"项目创新的未来"。

各国在发展 BIM 的过程中或政府引导或企业参与,均以不同的形式实现了 BIM 技术的推进。表 1.1 所列为对各国 BIM 的发展情况以及现状进行的整理,从表中可以看出,各国在 BIM 发展的政策上都采用鼓励政策,足以说明 BIM 在建筑行业发展中的重要性。

表 1.1　各国 BIM 发展现状

国家及地区	发　展	现　状
美国	美国是较早启动建筑业信息化研究的国家,发展至今,BIM 研究与应用都走在世界前列	美国大多数建筑项目已经开始应用 BIM,而且存在各种 BIM 协会,出台了各种 BIM 标准
英国	英国政府要求强制使用 BIM	2016 年英国政府全面协同 3D. BIM,并将全部文件以信息化管理
北欧	北欧例如挪威、丹麦、瑞典等国家,是一些主要的建筑业信息技术的软件厂商所在地,因此,这些国家是全球最先一批采用基于模型设计的国家	北欧一些国家的政府并未强制要求全部使用 BIM,BIM 技术的发展主要是企业的自觉行为
新加坡	鼓励新加坡大学开设 BIM 课程、组织密集的 BIM 培训课程、为行业专业人士建立 BIM 专业学位	所有建筑面积大于 5 000 平方米的项目必须提交 BIM 模型
日本	2009 年日本很多企业开始应用 BIM,2012 年日本建筑学会发布了 BIM 指南,从团队建设、数据处理、设计流程、应用预算、模拟等方面为日本的设计院和施工企业应用 BIM 提供了指导	绝大多数企业都已经采用 BIM 技术,少数企业的 BIM 技术应用非常细致和深入
韩国	韩国在运用 BIM 技术上十分领先。多个政府部门都致力于制定 BIM 的标准,发布 BIM 发展路线图	2016 年前,全部公共工程都应用了 BIM 技术

Building SMART 组织通过专家访谈、案例分析、文献综述等方式,总结了项目各阶段的多项典型 BIM 应用(见图 1.16)。

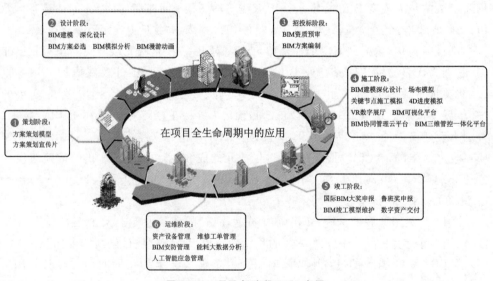

图 1.16　项目各阶段 BIM 应用

从许多文献资料来看,美国的保险制度与绿色建筑节能减碳的需求都是驱动 BIM 发展的主因之一,而 GSA 的国家性 3D-4D-BIM 计划可以说是政府率先当领头羊,全力冲锋陷阵,为美国国内建筑产业界,包括规划、设计、施工、营运维护等营造了很好的发展氛围,让美国建筑产业界在最近几年内成功转型与升级的蓬勃景象,成为全世界的范例。这种发展的脉络为我们思考国内如何发展 BIM、如何研发和按部就班地推行 BIM 策略提供了很好的参考。

GSA 以自己掌管庞大的国家公共工程作为 BIM 技术导入实际工作为推动主轴,并且以"做中学"的精神与魄力,以前导实务工程案例,不图全面到位的渐进导入方式,不断累积成功经验,检讨缺失,和学界合作发展辅助工具以补强过程中更高效的需求,不断检讨修正契约规范,培养更多实作专家,以"母鸡带小鸡"的方式,奖励积极导入的项目参与单位,然后再积极将实战经验转化成人才培训教材与参考指南手册。虽然当前世界各国都在 BIM 技术发展方面有积极的作为,但研究团队仍认为 GSA 推动 BIM 计划是其中最值得我国反思与参酌的对象。

目前国内外 BIM 技术的发展正处于引爆的关键期,由于牵涉到整个冗长的生命周期不同阶段及不同专业领域,所需探讨与研发的议题很多,许多技术、工具、规范标准、执行导引、案例实作成果、永续性建筑等,如泉水般涌现,都必须进行快速而深入翔实的分析与剖析,而近代的资通讯科技演进,一直是牵动人类生活与工作模式最为关键的因素,也必须优先加以考虑。移动设备由 Apple 公司带动走向消费型市场之商业化策略已成为重要的里程碑,因特网技术进入移动设备后,快速催生 HTML5 与云端计算进入资通讯科技的新时代,尤其云端计算的远程虚拟主机特质相当吻合 BIM 技术讲求信息集中管控的精神,是特别值得关注的趋势。

1.3.2　BIM 在国内的发展情况

在国内,直到 2005 年 Autodesk 公司进入中国后,为了推广它的软件在国内宣传 BIM,才逐步使 BIM 的概念被认知。2007 年,建设部发布行业产品标准《建筑对象数字化标准》。2008 年开始,上海的标志性建筑——上海中心大厦项目采纳了 BIM 技术,自此 BIM 技术在国内发展开始加速。2010 年,住房和城乡建设部发布的《2011—2015 建筑业信息化发展纲要》(以下简称《纲要》)中明确指出:在施工阶段开展 BIM 技术的研究与应用,推进 BIM 技术从设计阶段向施工阶段的应用延伸,降低信息传递过程中的衰减,研究基于 BIM 技术的 4D 项目管理信息系统在大型复杂工程施工过程中的应用,实现对建筑工程有效的可视化管理等。可以说,《纲要》的颁布,拉开了 BIM 技术在我国建筑行业全面推进的序幕。2011 年,中国出现第一个 BIM 研究中心(华中科技大学)。2012 年开始,政府部门逐步接触并推广 BIM。2016 年,住房和城乡建设部在印发的《2016—2020 年建筑业信息化发展纲要》中明确提出 BIM 重心。2021 年,国务院办公厅关于促进建筑业持续健康发展的意见中也明确说明了

BIM 的重要性。

为响应国家政策,BIM 在国内建筑业形成了一股热潮,除了前期软件厂商的大声呼吁外,各行业协会、行业专家、施工企业也开始重视 BIM 对施工企业的价值。施工阶段 BIM 应用的基础是施工 BIM 模型的建立。目前,施工 BIM 模型的建立方式有两种:一种是从设计三维模型直接导入施工阶段相关软件,实现设计阶段 BIM 模型的有效利用;另一种是在施工阶段利用设计提供的二维施工图重新建模。由于目前我国建筑行业的割裂管理方式,第二种方式在施工阶段应用较多,虽是重复建模,需要一定成本投入,但 BIM 能够提供的价值远超过建模成本。无论哪种方式,施工阶段与设计阶段的数据信息要求都是不尽相同的。例如,施工阶段的钢筋数量与形式在设计阶段是没有的;施工阶段的单价、定额等信息是这个阶段所特有的。因此,BIM 从设计阶段到施工阶段的转化,本身就是一个动态的过程。随着项目的进展,数据信息将更加丰富,更加详尽。

从 2012 年、2013 年对施工领域 BIM 应用调研的结果可以看出,有 3 成企业认为 BIM 的最大受益者是施工企业;项目中真正应用 BIM 技术的比例很小,而施工企业独立运用 BIM 技术的比例大,与业主联合设计使用较少的施工企业运用 BIM 技术的最大价值点在于模拟施工、控制成本和降低造价,且项目规模越大,BIM 技术的价值就越大。施工企业 BIM 应用总结出以下几种主要模式:

① 利益驱动。例如:中建三局一公司通过应用 BIM 技术,获得较好的经济效益,BIM 已成为公司每一位技术人员的必备工具。作为为业主提供增值服务和提高企业核心竞争力的要素,公司已把 BIM 应用延伸到项目运维阶段,对工程档案数字化进行了有益探索。

② 业主驱动。例如:上海建工根据上海中心大厦和上海迪斯尼项目业主的要求,通过典型项目探索 BIM 全面应用,在碰撞检查、深化设计等 BIM 常规应用基础上,进一步把 BIM 应用到地形测量和特殊造型构件三维直接成型等工作上。

③ 制度保证。例如:中建八局建立了 BIM 工作站,并与下属公司建立对接,通过与下属公司签订责任状的形式,将 BIM 应用纳入主管领导的绩效考核中。

④ 一把手工程。例如:浙江建工在重点项目应用 BIM 技术的基础上,有意识地探索 BIM 与企业管理信息化系统的集成应用,使 BIM 技术逐步成为高层领导日常工作业务流程的必备工具。

据住房和城乡建设部办公厅《关于按季度报送工程质量安全提升行动进展情况的通知》中的统计数据,2019 年第三季度,全国应用 BIM 技术的工程项目共计 1 540 个,应用建筑业 10 项新技术中 6 项以上新技术的项目共计 926 个,如图 1.17 所示。其中,北京市、重庆市、上海市应用 BIM 技术工程项目较多,陕西省、浙江省、山东省推行建筑业 10 项新技术情况较好。

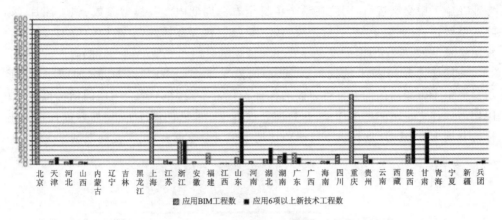

北京　天津　河北　山西　内蒙古　辽宁　吉林　黑龙江　上海　江苏　浙江　安徽　福建　江西　山东　河南　湖北　湖南　广东　广西　海南　四川　重庆　贵州　云南　西藏　陕西　甘肃　青海　宁夏　新疆　兵团

■ 应用BIM工程数　　　■ 应用6项以上新技术工程数

图 1.17　工程技术进展情况

1.4　BIM 局限性

　　BIM 技术的实用性以及高效性得到普遍认可,但由于发展时间较短,且缺乏适应国情的体系和标准,在推行 BIM 技术的过程中,仍存在很多现阶段无法解决的问题。如施工企业项目精细化管理的复杂度不是基础数据能解决的,而是与企业自身业务管理有很大的关系。过去没有 BIM,项目精细化管理不可能做,现在有了 BIM,就有了项目管理精细化的可能性,但仍需要做大量的工作,需要一个过程去完成。下面将 BIM 存在的主要局限性分 5 个部分进行介绍。

1.4.1　标准体系不完善

　　要完成 BIM 在项目全生命周期的无误差表达,需要使用统一的 BIM 语言,建立明确的 BIM 标准。现在国内外一致的 BIM 标准分为基础标准和应用标准。基础标准主要是对于信息格式的储存和交换,其主要包含数据存储标准(对所需要交换信息的格式规范)、信息语义标准(对所交换信息的准确定义)、信息交换标准(对信息交换过程的描述)三大类。应用标准是指使用 BIM 技术过程中需要统一的资源标准(标准资源库)、行为标准(应用标准)以及交付标准(交付内容及规范)三类。

　　BIM 需要多种维度的标准和规范,比如构件库分类编码、标准做法 BIM 模型库、项目全过程的 BIM 应用标准和规范、竣工模型与 FM 管理软件相协同的编码标准,等等。这些对于应用有巨大意义的标准和规范起到类似于各方各阶段工作衔接的"接口语言"的作用,但它又只能伴随着 BIM 技术在这个市场上的植入,逐步由市场自己生成,因为它只能"来自于实践、应用于实践"。

　　现行的 BIM 标准多是参照各地政府的指导文件,结合企业自身情况建立而成,不具备普遍性,无法形成通用标准。建筑工程项目由于其工期长,参与方众多,各个专业在施工中交叉进行,因此在整个项目全寿命周期内涉及模型参数、施工照片、实际进度数据、设计变更单、会议纪要、竣工验收资料等多样性、复杂性的数据,使得工程信息量巨大,缺少通用标准会导致相关数据的存储和更新受到一定的限制。

美国作为 BIM 技术的先行者,已经研发出了多版 NBIMS 标准(如图 1.18 所示),但由于市场需求的差异性以及各国建筑规范不同,并不适合中国国情。因此,中国仍需要建立自己的标准体系,在目前其没有建立完善的情况下,仍然要依托于企业标准开展 BIM 建造,这样就不可避免地造成信息数据储存、更新受到限制。

❑ **美国BIM标准体系**

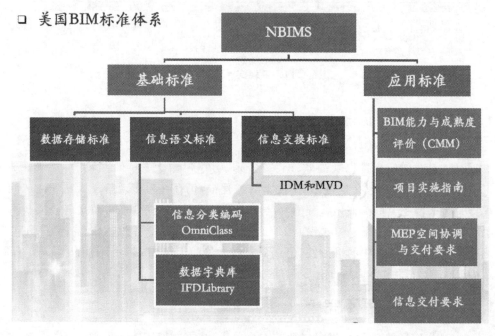

图 1.18 美国 BIM 标准体系

1.4.2 行业人员缺经验

BIM 的发展首先需要人才,现在 BIM 对人才需求的缺口很大,尤其是有设计或施工经验,会做、会讲、会管的人才更是稀缺,按 BIM 的技能来说需要大量培养建模人才、造价人才、管理人才。而 BIM 又是一项新技术,新技术的植入一定是需要投入的,无论是培训学习、软硬件采购还是各项实践与探索,都需要投入,所以成本是第一个门槛。面对国内当前建筑业的现状,BIM 的植入,既是挑战也是机遇。

BIM 技术是要求形成一个技术系统的,也就是说,一个个人、一个专业、一个部门用 BIM 是不行的,需要各专业各部门协调统一工作才能实现协同,使企业获得收益。软件的学习需要过程,需要时间,对于年龄稍大的专业负责人、管理负责人来说,没时间学习、排斥学习,也是很常见的现象。

设计习惯问题,中国的项目建设现状是"快设计、慢施工",而不是国外的"慢设计、快施工",也就是说,在我们的项目建设中,很多情况下,设计阶段是要求尽快完成设计,在施工进程中再不断对不确定的情况进行明晰化并予以解决,带来了建设行业大家公认的弊端就是:"建出来的房子和设计时的想法差距较大",洽商变更多,扯皮造成施工周期拉长。而 BIM 技术的实质就是"在计算机里将房子先建一遍",力求在设计阶段完善大多数不明晰的细节,即要求设计人员在设计过程中需要考虑的信息量较大,这使得很多设计人员不习惯,当然,项目给设计人员配套的资金和时间也很有限。

BIM 技术使得项目的量、料都变得透明,如果实现高质量的协同,则又会减少变更和洽商,这些都似乎与现在施工企业的操作相左,有些企业有顾虑。

不过,在政府的强力推动下,越来越多的企业意识到"市场越不好,越要技术创新","未来的项目是靠实力,不是靠操作",所以,相信更多的企业会借势造势应用 BIM 技术,而 BIM 的应用一旦达到一定的市场比例,则整个市场跟风、井喷是不可避免的,一如 20 年前 CAD 的普及、10 年前 ERP 的普及,市场都是先显示了排斥和阻力,而一旦应用比例超过临界值、生态圈趋于成熟,市场普及速度将会快得惊人。

1.4.3　关键技术亟待突破

BIM 技术得以实施的关键是依托其可视化、一体化的特点开展的,其目的是提高建筑管理的有效性、高效性以及统一性。要完成这样的目标,BIM 软件必须高度集成不同专业的计算、分析需求,并做到不同软件间的无缝转化。

实际上,根据专业的需求不同,软件商都会在满足专业需求的同时,尽可能减少无用信息,确保大部分计算机的配置条件可以支持软件运行,且不造成卡顿。但 BIM 的出现,却需要将各个专业的信息进行集成,造成信息量庞大且难以管理的问题。因此,如果要实现高级的 BIM 应用,只能通过找寻一致的格式数据,进行专业软件间的无损失转化。这项技术十分困难,一般来说,不同的软件使用的代码是不同的,目的是确保自家信息的保密性,并尽可能减少用户的流失。因此,要解决这个问题,可能还需要很长一段时间。

1.4.4　应用软件不配套

目前,应用较广泛的 BIM 软件如 Revit2014、Navisworks 等的安装和运行对计算机的配置要求都较高,因此,企业在培养 BIM 人才的过程中必须配备较好的硬件设施,从而使得培养的成本迅速上升。另外,大多数的工程项目资料少则几个、十几个 GB,多则几百个、上千个 GB 的容量,并且随着工程项目的进一步开展,工程信息数据更加复杂且多样化,处理起来也有相当大的难度。现阶段 BIM 的应用很多仍局限于单机存储、计算,不但存储受限制,而且数据的处理等已经很难满足 BIM 技术在工程项目应用中的精细化管理要求。

除硬件配置外,软件配置也至关重要。如同消费品互联网电商的发展离不开发达的第三方物流、便捷安全的电子支付手段一样,BIM 技术在国内的深入应用,也需要一个完整的、伴随 BIM 技术不断成熟的生态圈,比如:提高 BIM 出图的速度、完成施工图设计的效率、达到计算工程量的准确度,都需要大量基于真实构件生产厂家真实资料的、丰富的 BIM 构件库,但目前国内由于设计与施工企业的应用本身还不算广泛,所以生产商对其产品 BIM 化的拉动不足,故本该由产品厂商买单的构件 BIM 化,现在主要是设计施工企业的 BIM 中心在用自己的人工进行制作,以建立企业自己的构件库。同样,令人兴奋的是,市场上出现了越来越多的第三方的 BIM 构件库,希望它们尽快成熟起来。

根据使用功能的不同,BIM 软件可以分为三大类(见图 1.19),分别是模型创建软件、模型应用软件以及协同平台软件。

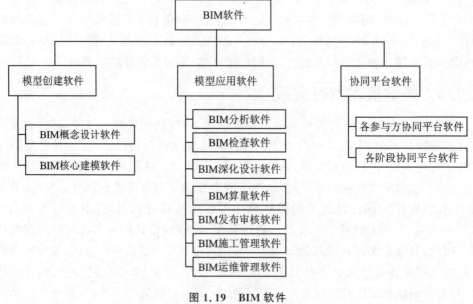

图 1.19   BIM 软件

市场需要 BIM 软件厂商不断提升软件,并更大程度地提高对中国市场的投入,推出更加关注中国本地化需求的软件版本与服务,这些软件本身的提升,用户是无法主导的。令人欣喜的是,现在软件厂商的提升虽然还不够快,但是目前市场上 BIM 软件的能力,已经能够支撑企业 BIM 的应用和收益了。

1.4.5   BIM 集成应用困难

BIM 技术作为工程项目信息化的集成,在项目精细化管理的过程中主要体现在项目不同参与方之间的协同工作,而协同最重要的就是实现资源的共享。然而,目前的 BIM 数据信息多存放在单个计算机或企业内部的平台上,项目各参与方之间都在各自的模型上进行修改,使得工程信息没有统一的模型,呈现碎片化,信息传递过程不同步、不完整,导致交流的过程费时又费力,还不一定能得到较好的效果。因此,目前私有级的或企业级的 BIM 平台,在一定程度上阻碍了企业不同参与方之间的共同交流和应用,不能较好地发挥 BIM 技术的协同作用。

现阶段,项目各参与方仍然在各自建模,大量数据重复,而从设计 BIM 传递到施工或运维阶段则缺少合适的平台和工具添加或集成施工或运维信息,因此难以形成支持施工及运维管理的信息模型,也就无法实现真正意义上的建造面向建筑全生命周期的完整 BIM 模型。

BIM 应用在国内刚起步,尚不成熟,但从 BIM 应用实践看,做好关键领域焦点环节的基础性数据的 BIM 方案,解决当前施工阶段的 BIM 价值,一方面可以减少项目工作量,另一方面在实现项目数据的准确性、对应性、及时性、可追溯性的同时,实现数据的可视化和即景化,已经为施工企业创造了巨大的价值。作为项目基础数据承载平台,BIM 发挥了相当关键的作用。当然,BIM 不直接解决所有的项目管理工作,须和很多系统配合完成。

BIM 作为海量项目数据平台,是当前信息技术中最强大的,延伸的应用将是一个相当长的过程。除了工程量,BIM 在施工技术领域、质量管理方面应该会有更大的空间。项目精细化管理,是必须要以业务数据作为支撑的,但很多建筑企业的管理人员意识还不够强烈。

国内的 BIM 环境还有待完善,虽说现在已经得到了很好的应用与效果,但对于技术人员而言,切不可轻易松懈,需加大研究力度,使 BIM 技术彻底走向成熟。

第2章

BIM 软件

2.1 BIM 技术在项目中的应用

BIM 技术在项目的全生命周期都可以得到应用,在内容上基本可以涵盖一个建筑项目的所有内容,业务范围广泛。现阶段市场上所存在的各类 BIM 软件并不能将所有的项目内容高度集成化,因此在使用 BIM 技术的过程中,第一步就是选择合适的 BIM 软件。市场上现有的 BIM 软件类别非常广泛,在功能以及普及程度上有较大差异,所以选择合适的 BIM 软件非常重要。企业需要根据 BIM 在项目中参与的时间、所需要的应用,选择不同的软件。市场上比较常见的软件分类方式是按照项目阶段的不同进行分类的。

2.2 BIM 技术应用多项调研及分析

浙江省建筑业技术创新协会为更好地了解 BIM 软件的情况,开展了大量调研工作,主要包括:BIM 技术应用软件、硬件选用问卷调查结果及分析;BIM 技术应用咨询单位推荐问卷调查结果及分析;BIM 技术应用人才培养单位推荐问卷调查结果及分析。调研结果可以作为有效的参考依据,便于业主选择最适合的 BIM 软件。调查问卷基本涵盖了目前市面上常用的所有 BIM 软件厂商及其软件,包括:美国欧特克公司、上海鲁班软件有限公司、广联达软件股份有限公司、杭州品茗安控信息技术股份有限公司、建研科技股份有限公司(PKPM)、美国天宝公司、北京理正软件有限公司、北京橄榄山软件有限公司、比目云软件(北京)有限公司、法国达索公司、美国奔特力公司、北京天正软件有限公司、深圳市斯维尔科技股份有限公司、美国图软公司(GRAPHISOFT)、北京鸿业同行科技有限公司等 20 余家软件厂商。

BIM 技术应用软件、硬件选用问卷调查结果及分析:

按照 BIM 在施工阶段的应用划分为四大阶段,包括十项应用:投标阶段(包括技术标和商务标两项)、专项技术阶段(包括测量放线和基础工程两项)、工程管理阶段(包括成本控制、安全管理、质量管理、进度管理和工程算量五项)以及竣工阶段。问卷分别对上列各项调研了不同软件厂商的应用推荐情况。

2.2.1　BIM 在投标阶段的应用

1. 技术标

现在很多难度较大的工程,业主对于技术标的要求非常苛刻,而 BIM 技术作为新兴的信息技术,可以在技术标中发挥较大的作用。在 2016 年政府发布相关文件,要求普及 BIM 技术之后,很多大型项目以及国有项目都将应用 BIM 技术列入技术标亮点,基本成为标配。

针对本问题的有效调研问卷为 386 份。其中,欧特克公司的软件在 BIM 投标阶段的使用比例最高,占 38.86%;其次是鲁班公司和品茗公司的软件分别为 17.62% 和 14.51%。其数据统计详见表 2-1 和图 2.1。

表 2-1　BIM 在投标阶段技术标中软件使用情况统计表

序　号	单位名称	软件简称	比例/%
1	欧特克公司	Revit/Navisworks/3dmax/auto cad	38.86
2	上海鲁班软件有限公司		17.62
3	杭州品茗安控信息技术股份有限公司	BIM 模板支架、BIM 脚手架、BIM 配模、BIM 施工策划	14.51
4	广联达软件股份有限公司	三维场布、算量、Magicad	11.92
5	建研科技股份有限公司	PKPM	5.18
6	天宝公司(美国)	Sketch up/Tekla Structures	4.15
7	法国达索公司	Catia	1.55
8	北京橄榄山软件有限公司		1.55
9	微软公司	Project	1.04
10	奔特力公司	Bentley	1.04
11	其他		2.58

2. 商务标

投标单位一般给施工单位的投标时间为 15～20 天。如果按照传统的手算方式,这么短的时间很难对招标工程量进行价格复核,只能按照招标工程量进行组价,得出总价后再进行优惠报价。这样的报价方式,施工单位难以掌控利润空间。而通过BIM 的多人协作模式,可以快速精确地核算出工程量与招标工程量的差额,做到成

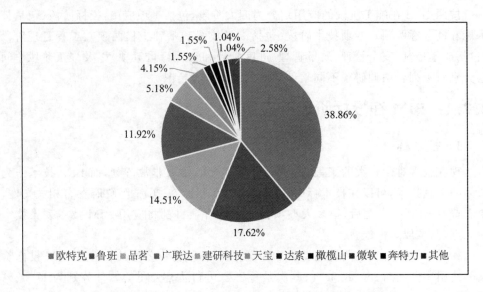

图 2.1   BIM 在投标阶段技术标中软件使用情况统计饼状图

本有数,预控成本和利润。

针对本问题的有效调研问卷共 382 份,使用广联达公司软件的占比 38.22%,位居第一。杭州品茗公司和上海鲁班公司的软件分别占比 23.04% 和 21.99%,位居二、三位。具体数据详见表 2 - 2 和图 2.2。

表 2 - 2   BIM 在投标阶段商务标中软件使用情况统计表

序 号	单位名称	软件简称	比例/%
1	广联达软件股份有限公司	计价、算量	38.22
2	杭州品茗安控信息技术股份有限公司	计价、三位策划、BIM 算量	23.04
3	上海鲁班软件有限公司		21.99
4	欧特克公司	Revit	6.28
5	深圳市斯维尔科技股份有限公司	算量	4.71
6	法国达索公司	Catia	1.57
7	比目云软件(北京)有限公司		1.57
8	北京天正软件有限公司		1.05
9	其他		1.57

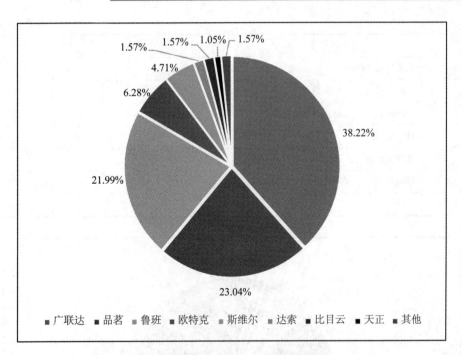

图 2.2　BIM 在投标阶段商务标中软件使用情况统计饼状图

2.2.2　BIM 在专项技术阶段的应用

1. 测量放线

传统施工方式需要借助 CAD 图纸,使用卷尺等工具在施工现场进行人工放样,测量误差大、无法保证施工精度且工效低。而在测量放线定位的过程中,最复杂的部分就在于坐标系的建立。利用 BIM 技术,施工人员可以在平面上建立一个正确的坐标系,方便现场测量人员轻松获取所需点的坐标值,从而指导现场进行测量放线。在建立好的 BIM 模型中,可以校验后续内控点定位的准确性,最大限度地为现场提供便利条件。

针对本问题的有效调研问卷共计 192 份,未占到总问卷数量的一半,说明此项应用在市场上的普及率还不算很高。在这些有效问卷中,欧特克公司的软件占比为 39.58%,位列第一,鲁班公司和天宝公司的软件占比分别为 21.88% 和 17.71%。具体数据详见表 2-3 和图 2.3。

表 2-3　BIM 在专项技术阶段测量放线中软件(硬件)使用情况统计表

序　号	单位名称	软件简称	比例/%
1	欧特克公司	Revit	39.58
2	上海鲁班软件有限公司		21.88

序　号	单位名称	软件简称	比例/%
3	天宝公司(美国)	天宝放样机器人	17.71
4	广联达软件股份有限公司		7.29
5	杭州品茗安控信息技术股份有限公司	翻模、递加	4.17
6	微软公司	Project	2.08
7	北京天正软件有限公司		2.08
8	深圳市大疆创新科技有限公司	无人机	2.08
9	其他		3.13

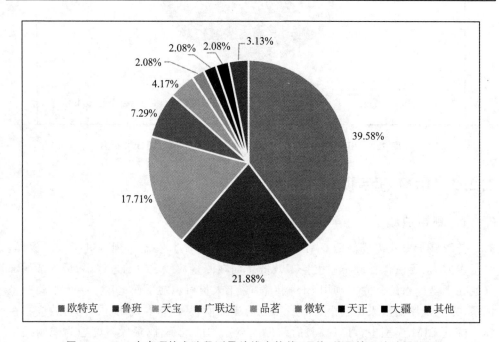

图 2.3　BIM 在专项技术阶段测量放线中软件(硬件)使用情况统计饼状图

与其他调研不同,此项调研除软件外,还对硬件产品进行了调研:一个是天宝公司的放样机器人(天宝全站仪),另一个是深圳市大疆创新科技有限公司的无人机。这些硬件产品数据精准,方便实用,但价格较高,小型企业很难作为日常项目使用。

2. 基础工程

BIM 技术在基础工程中的应用主要是通过创建基坑的三维模型,在发现碰撞、高大支模区域定位、施工方案模拟优化等方面,为基础工程施工提供依据。

针对本问题的有效调研问卷为 224 份,数据统计结果详见表 2－4 和图 2.4。

表 2-4 BIM 在专项技术阶段基础工程中软件(硬件)使用情况统计表

序 号	单位名称	软件简称	比例/%
1	欧特克公司	Revit	44.64
2	上海鲁班软件有限公司		25.00
3	广联达软件股份有限公司		7.14
4	杭州品茗安控信息技术股份有限公司	翻模、模板、脚手架	5.36
5	建研科技股份有限公司	PKPM	5.36
6	天宝公司(美国)	天宝放样机器人、Tekla Structures	5.36
7	北京理正软件有限公司		1.79
8	北京橄榄山软件有限公司		1.79
9	其他		3.56

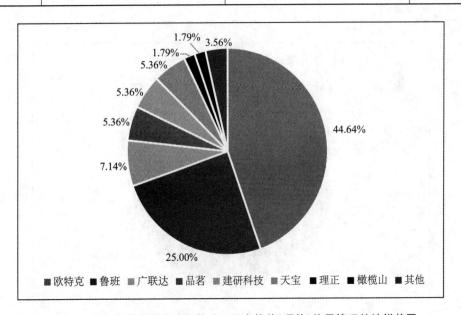

图 2.4 BIM 在专项技术阶段基础工程中软件(硬件)使用情况统计饼状图

2.2.3 BIM 在工程管理阶段的应用

1. 成本控制

成本控制是国内 BIM 软件厂商的优势,尤其是基于算量的 BIM 软件已经相对成熟,国内所使用的定额、规范都限定了 BIM 技术在成本控制方面所能使用的软件。

基于 BIM 的算量软件中,具有构件级颗粒度的 BIM 模型,可以将各类数据以 BIM 的构件为载体进行存储、分析和应用,比如按照施工区间、施工进度、施工班组等多种维度快速调取分析工程量的相关数据,为限额领料、分包商款项支付、多算对比、结算等各类成本相关管理工作提供支持。其软件使用情况统计数据详见表 2-5和图 2.5。

表 2-5 BIM 在工程管理阶段成本控制中软件使用情况统计表

序 号	单位名称	软件简称	比例/%
1	广联达软件股份有限公司	算量	35.71
2	上海鲁班软件有限公司		26.43
3	欧特克公司	Revit	16.43
4	杭州品茗安控信息技术股份有限公司	计价、模板、BIM 脚手架	13.57
5	建研科技股份有限公司	PKPM	2.86
6	深圳市斯维尔科技股份有限公司		2.14
7	其他		2.86

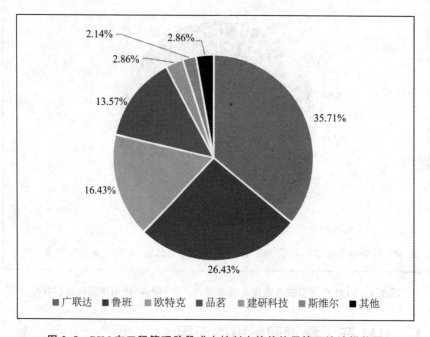

图 2.5 BIM 在工程管理阶段成本控制中软件使用情况统计饼状图

2. 安全管理

在项目建设过程中施工企业必须坚持以安全生产标准化为基础,争取将安全事故发生的次数和损失降到最低。在安全生产标准化建设的过程中辅以 BIM 技术手段,采用建筑信息和时间信息来构建建筑工程的时间和空间模型,对施工现场的安全工作从时间和空间两个维度上进行管理,保障建筑工程施工安全。

　　针对本问题的有效调研问卷共有 278 份。杭州品茗公司的各类安全软件、脚手架软件使用比例占第一，为 30.22%，鲁班公司和欧特克公司分别以 24.46% 和 16.55% 的比例占据第二和第三。

　　杭州品茗公司早在 2004 年就在研发相关的安全计算软件，并形成了进度管理、施工组织设计、用电软件等施工技术系列。2014 年推出国内第一款基于 BIM 的模板工程设计软件，在安全管理方面的应用颇有特色，从调查结果中可以体现出来。具体统计情况详见表 2-6 和图 2.6。

表 2-6　BIM 在工程管理阶段安全管理中软件使用情况统计表

序　号	单位名称	软件简称	比例/%
1	杭州品茗安控信息技术股份有限公司	安全、模板、BIM 脚手架	30.22
2	上海鲁班软件有限公司		24.46
3	欧特克公司	Revit	16.55
4	广联达软件股份有限公司	算量	15.83
5	建研科技股份有限公司	PKPM	7.19
6	法国达索公司	Catia	3.60
7	其他		2.15

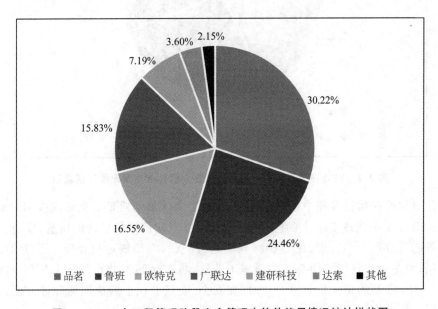

图 2.6　BIM 在工程管理阶段安全管理中软件使用情况统计饼状图

3. 质量管理

　　针对本问题的有效调研问卷共 220 份，其中鲁班公司的软件使用比例位居第一，欧特克公司、广联达公司紧随其后。具体统计数据详见表 2－7 和图 2.7。

表 2－7 BIM 在工程管理阶段质量管理中软件使用情况统计表

序　号	单位名称	软件简称	比例/%
1	上海鲁班软件有限公司		30.91
2	欧特克公司	Revit	26.36
3	广联达软件股份有限公司		21.82
4	杭州品茗安控信息技术股份有限公司		15.45
5	建研科技股份有限公司	PKPM	2.73
6	其他		2.73

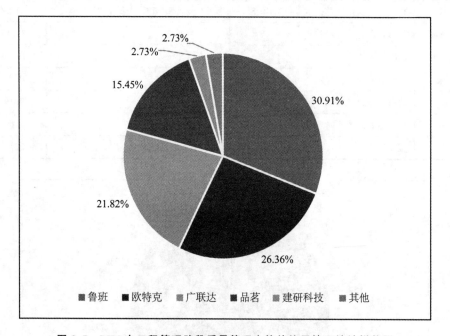

图 2.7　BIM 在工程管理阶段质量管理中软件使用情况统计饼状图

　　鲁班软件在质量管理中独占鳌头，以其基于移动端的质量安全管理应用 iBan 为特色。iBan 是手机或 Pad 上的应用客户端，可以把项目现场发现的质量、安全、文明施工等问题进行统一管理，并与 BIM 模型进行关联，方便核对和管理。通过 iBan 移动应用，可在施工现场使用手机拍摄施工节点，将有疑问的节点照片上传到 PDS 系统，与 BIM 模型的相关位置进行比对，在安全、质量会议上解决问题非常方便，大大提高了工作效率。

4. 进度管理

　　进度管理作为项目管理过程中最重要的环节之一，在管理过程中，需要考虑的内容非常多，很多 BIM 软件商在进行应用开发的过程中都非常重视进度管理的技术开发。

　　针对此问题的有效调研问卷共有 302 份,从统计结果可以发现,欧特克公司在这部分市场的占有率是最高的,达到 27.15%,而鲁班公司和广联达公司所占比例分别高达 25.17% 和 18.54%。可见,国内软件商的技术发展速度也是十分迅速的。值得关注的是,微软公司的 Project 在此项调研中,竟然占到第四名,可以看出现阶段的很多施工单位还是在使用传统的 Project 进行进度管理。而事实上,很多现有的 BIM 进度管理也是通过将 Project 中的进度导入到 BIM 软件中去,通过将时间进度与模型进行关联,在计算机计算的基础上,随意提取任意时间节点的工程量和造价信息,为项目管控提供了极大的便利以及精准化的分析。具体统计数据见表 2-8 和图 2.8。

表 2-8　BIM 在工程管理阶段进度管理中软件使用情况统计表

序　号	单位名称	软件简称	比例/%
1	欧特克公司	Revit、Navisworks	27.15
2	上海鲁班软件有限公司		25.17
3	广联达软件股份有限公司	梦龙	18.54
4	微软公司	Project	11.92
5	杭州品茗安控信息技术股份有限公司		11.26
6	天宝公司(美国)		1.32
7	北京天正软件有限公司		1.32
8	Tekla 公司(芬兰)		1.32
9	其他		2.00

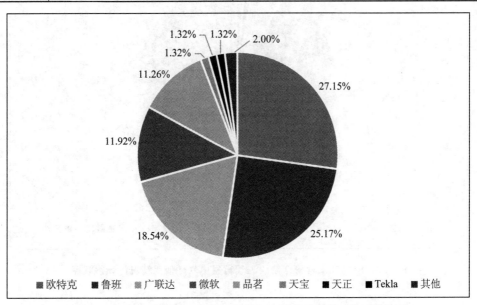

图 2.8　BIM 在工程管理阶段进度管理中软件使用情况统计饼状图

5．工程算量

我国在三维算量方面的发展历史已有 20 多年,早在 1999 年鲁班软件公司就已经在研发三维算量软件,之后,各大建筑软件厂商都对算量计价有了明确的研发计划,而工程量计算在 BIM 发展迅速的今天也成为 BIM 技术的主流应用之一。具体统计数据见表 2-9 和图 2.9。

表 2-9　BIM 在工程管理阶段工程算量中软件使用情况统计表

序　号	单位名称	软件简称	比例/%
1	广联达软件股份有限公司		35.02
2	上海鲁班软件有限公司		32.26
3	杭州品茗安控信息技术股份有限公司		12.44
4	欧特克公司	Revit	12.44
5	深圳市斯维尔科技股份有限公司		3.23
6	比目云软件(北京)有限公司		1.84
7	微软公司	Project	1.38
8	其他		1.39

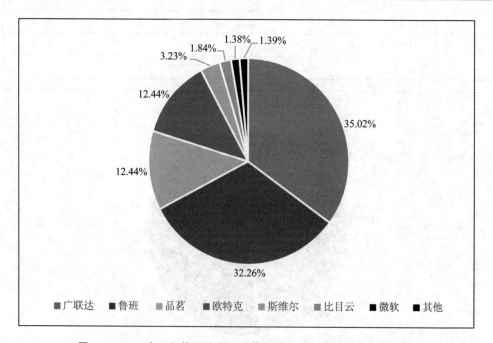

图 2.9　BIM 在工程管理阶段工程算量中软件使用情况统计饼状图

2.2.4　BIM 在竣工阶段的应用

BIM 技术作为建筑全生命周期的技术,在竣工阶段的应用其实才是重要的 BIM 价值突破点,但现阶段,由于资金、项目、软件等因素的限制,并没有能将 BIM 在竣工阶段的应用全部挖掘出来。此部分的有效调查问卷也相对较少,共计 174 份,数据分析结构见表 2 - 10 和图 2.10。

表 2 - 10　BIM 在竣工阶段的软件使用情况统计表

序　号	单位名称	软件简称	比例/%
1	欧特克公司	Revit	39.08
2	上海鲁班软件有限公司		22.99
3	广联达软件股份有限公司		18.39
4	杭州品茗安控信息技术股份有限公司		8.05
5	建研科技股份有限公司	PKPM	3.45
6	天宝公司(美国)		2.30
7	奔特力公司	Bently	2.30
8	其他		3.44

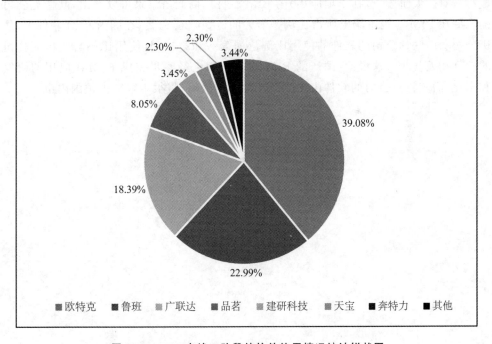

图 2.10　BIM 在竣工阶段的软件使用情况统计饼状图

2.3 部分软件的应用比例汇总

汇总部分软件厂商在四大阶段应用的比例见表 2-11。

表 2-11　部分软件厂商在四大阶段应用的比例

%

序　号	软件厂商	技术标	商务标	测量放线	基础工程	成本控制	安全管理	质量管理	进度管理	工程算量	竣工阶段	合　计
1	欧特克	38.86	6.28	39.58	44.64	16.43	16.55	26.36	27.15	12.44	39.08	26.74
2	鲁班	17.62	21.99	21.88	25.00	26.43	24.46	30.91	25.17	32.26	22.99	24.87
3	广联达	11.92	38.22	7.29	7.14	35.71	15.83	21.82	18.54	35.02	18.39	20.99
4	品茗	14.51	23.04	4.17	5.36	13.57	30.22	15.45	11.26	12.44	8.05	13.81
5	天宝	4.15	—	17.71	5.36	—	—	—	1.32	—	2.30	3.08
6	建研科技	5.18	—	—	5.36	2.86	7.19	2.73	—	—	3.45	2.68
7	微软	1.04	—	2.08	—	—	—	—	11.92	1.38	—	1.64
8	斯维尔	—	4.71	—	—	2.14	—	—	—	3.23	—	1.01

从对四大阶段(包括十项应用)的 BIM 软件厂商调研结果可以看出,欧特克公司的软件在 BIM 应用市场上所占比例是最大的,达到 26.74%;在国内 BIM 软件中,鲁班公司和广联达公司的软件的使用比例位列第一和第二,且使用比例与欧特克公司的软件相差甚小。这说明,国产的 BIM 软件厂商已经逐步完成了 BIM 应用的研发和深化;而欧特克公司的软件由于受制于国际化战略,将很难继续占领国内市场。

第 **3** 章

BIM 的目标

3.1 BIM 应用目标

BIM 技术的使用日益普及,而这项技术的迅速发展,除了离不开政府的高度支持外,其自身所具备的价值也不可小觑。而实现这些价值,将模型化的建筑模型的信息贯穿到整个项目的全生命周期内,并根据不同阶段的需求,获取模型中的信息,进行分析演算和直观展示,从而使项目所有参与方都能应用 BIM 技术提高专业服务水平,提升项目品质,提高工作效率,创造项目品牌。

BIM 项目的第一步就是确定 BIM 应用的总体目标,从而确定 BIM 技术可以为项目创造的价值。由于每个项目所侧重的需求点不同,因此在项目目标上也会有所差异。

但其终极目标都是要让 BIM 与其他技术及工具一起成为企业的有效生产力。BIM 生产力可以理解为企业至少拥有一个团队能够持续在实际项目的全部或部分应用 BIM 技术,以提高工作效率和工作质量,为企业贡献更多更好的经济效益和社会效益。

3.2 BIM 模型内容

3.2.1 BIM 模型阶段化体现

在 BIM 技术的应用中,BIM 模型的建立与管理是不可或缺的关键工作,但是在工程生命周期的不同阶段,模型的内容与细节该如何掌握和要求,一直没有一套准则或规范可以依循。特别是当合约中牵涉到模型的交付时,甲乙双方更需要在交付模型的内容与细节上达成共识。尤其是对于乙方,只有明确地掌握甲方对交付 BIM 模型的期待,才能精准地估算所需投入的建模资源与成本,并确保所交付的模型能符合后续的应用需求。

在项目初始阶段,针对项目的特点和应用重点选择项目 BIM 目标,各阶段 BIM 模型体现如表 3－1 所列。

表 3－1　各阶段 BIM 模型体现

阶　段	建　筑	结　构	机　电					重　点
			暖　通	消　防	给排水	强　电	弱　电	
方案设计	√							面积,功能
初设	√	√	√	√	√	√		协调,深化
施工图	√	√	√	√	√	√	√	施工详图
管线综合	√	√	√	√	√	√	√	管线深化
施工	√	√	√	√	√	√	√	施工 BIM 应用管理
竣工	√	√	√	√	√	√	√	信息完整性

3.2.2　BIM 模型精度定义

美国 BIM 协会更为精准地设置了 LOD 标准。LOD,即 Level Of Detail 或者称为 Level Of Development,译为"发展程度"。按照模型精度划分出 5 个不同的 LOD 级别,分别为 LOD100、LOD200、LOD300、LOD400、LOD500。这 5 个精度分别对应 5 个不同的图纸深度,如表 3－2 所列。

表 3－2　模型精度划分

序　号	LOD 级别	图纸深度	定　义
1	LOD 100	概念设计深度	此阶段的模型通常为表现建筑整体类型分析的建筑体量,分析包括体积、建筑朝向、每平方米造价等
2	LOD 200	方案设计/扩初设计深度	此阶段的模型包含普遍性系统大致的数量、大小、形状、位置以及方向
3	LOD 300	施工图设计深度	此阶段模型包括业主在 BIM 提交标准里规定的构件属性和参数等信息
4	LOD 400	预制加工图深度	此阶段模型更多被用于模型单元的加工、制造和安装,包括水电暖系统
5	LOD 500	竣工图深度	此阶段模型将包含业主 BIM 提交说明里制定的完整的构件参数和属性

项目精度的差异决定了 BIM 技术实施的难易程度,精度越高,模型内所包含的数据量越大,建模的过程越复杂,后期进行分析时考虑的因素越多,其结果越贴合实际,但运行的成本也就越高。现阶段能做到 LOD 400 的项目还为数不多,大多保持

在 LOD 300。认为 LOD 300 不能满足需求的 BIM 工程师有时也会把精度做到 LOD 350,即比 300 的精度要高,但并不能用于工厂预制加工和安装。对于设计单位,为了提高服务质量,会把模型精度提高到 LOD 250,这是一类属于市场通用,但并未被明确规范出的标准精度。

2016 年,国家发布《建筑信息模型应用统一标准 GB/T 51212—2016》(见图 3.1),对于一些基本内容进行了规定。之后各家企业在该标准基础上,按照市场需求,对模型精度进行了更为细致的划分。具体制图标准可通过扫描二维码 3.1 了解学习。

中华人民共和国国家标准

建筑信息模型应用统一标准

Unified standard for building information modeling

GB / T 51212— 2016

发布日期：2016年12月2日 实施日期：2017年7月1日

中华人民共和国住房和城乡建设部
中华人民共和国国家质量监督检验检疫总局　联合发布

中华人民共和国住房和城乡建设部公告
第1380号

住房城乡建设部关于发布国家标准《建筑信息模型应用统一标准》的公告

现批准《建筑信息模型应用统一标准》为国家标准,编号为GB / T 51212— 2016,自2017年7月1日起实施。

本标准由我部标准定额研究所组织中国建筑工业出版社出版发行。

中华人民共和国住房和城乡建设部
2016年12月2日

图 3.1　建筑信息模型应用统一标准文件

二维码 3.1　建筑工程设计信息模型制图标准

3.2.3 BIM 模型阶段应用点分析

BIM 技术贯穿于建筑领域的全生命周期,针对不同阶段的建筑需求,并结合不同建设参与单位所需的差异化,BIM 应用被划分为 7 个阶段,依次为策划/规划设计阶段、方案设计阶段、初步设计阶段、施工图设计阶段、施工阶段、运维阶段和拆除阶段。

表 3-3 各阶段 BIM 应用

阶段划分	阶段描述	基本应用
策划/规划设计	策划与规划是项目的起始阶段。对于单体项目称为策划,对于群体项目称为规划。主要目的是根据建设单位的投资与需求意向,研究分析项目建设的必要性,提出合理的建设规模,确定项目规划设计的条件	项目场址比选
		概念模型构建
		建设条件分析
方案设计	主要目的是为后续设计阶段提供依据及指导性的文件。主要工作内容包括:根据设计条件,建立设计目标与设计环境的基本关系,提出空间建构设想、创意表达形式及结构方式等初步解决方法和方案	场地分析
		建筑性能模拟分析
		设计方案比选
		面积明细表统计
初步设计	主要目的是通过深化方案设计,论证工程项目的技术可行性和经济合理性。主要工作内容包括:拟定设计原则、设计标准、设计方案和重大技术问题以及基础形式,详细考虑和研究各专业的设计方案,协调各专业设计的技术矛盾,并合理地确定技术经济指标	各专业模型构建
		建筑结构平面、立面、剖面检查
		面积明细表统计
		工程量统计
施工图设计	主要目的是为施工安装、工程预算、设备及构件的安放、制作等提供完整的模型和图纸依据。主要工作内容包括:根据已批准的设计方案编制可供施工和安装的设计文件,解决施工中的技术措施、工艺做法、用料等问题	各专业模型构建
		冲突检测及三维管线综合
		竖向净空优化
		虚拟仿真漫游
		辅助施工图设计
		面积明细表统计
		工程量统计

续表 3 - 3

阶段划分	阶段描述	基本应用
施工	施工阶段是指从建设单位与施工单位签订工程承包合同开始到项目竣工为止。在实际项目施工过程中,各个分部分项交叉进行,BIM 应用贯穿其中,主要应用包括现场数据采集、图纸会审、施工深化设计、施工方案模拟及构件预制加工、施工放样、施工质量与安全管理、设备和材料管理等方面	施工数据采集
		冲突检测及三维管线综合
		竖向净空优化
		虚拟仿真漫游
		图纸会审
		施工深化设计
		施工方案模拟
		施工计划模拟
		构件预制加工
		施工放样
		工程量统计
		设备与材料管理
		质量与安全管理
		竣工模型构建
运维	主要目的是管理建筑设施设备,保证建筑项目的功能、性能满足正常使用的要求。改造工程也在本阶段进行	现场 3D 数据采集和集成
		设备设施运维管理
		子项改造管理
拆除	主要目的是建立合理的拆除方案,妥善处理建筑材料设施设备,力求拆除的建筑材料可再生利用	拆除施工模拟
		工程量统计

注:

1. 本表所列项目为目前各阶段常用的应用点,可根据 BIM 技术的发展和工程实际增减。

2. 部分应用点不仅适用于本表所列阶段,也可适用于其他阶段。例如:

(1) 建筑和结构专业模型构建以及面积明细表统计在方案设计、施工图设计阶段均有应用;

(2) 机电专业模型在初步设计阶段有局部应用,但主要在施工图设计阶段完成;

(3) 冲突检测及三维管线综合、竖向净空优化在施工图设计阶段、施工阶段均有应用;

(4) 工程量统计在初步设计阶段、施工图设计阶段、施工阶段和拆除阶段均有应用。

第 **4** 章

BIM 应用

BIM 应用的英文是 Building Information Modeling Application,指的是 BIM 模型通过软件操作,完成目标分析的过程。一般情况下,会按照目标的不同,将 BIM 应用划分成不同的类别,每个应用相互独立,且与使用软件的数量无关。BIM 模型的应用伴随着阶段和作业人员的变化而有所不同,其模型的精度也会根据应用不断进行调整。在不同阶段,BIM 的精度及其三维表现的侧重点,会发生很多变化,不同阶段的应用划分可以参照图 4.1。下面介绍不同阶段的 BIM 应用的展示形式。

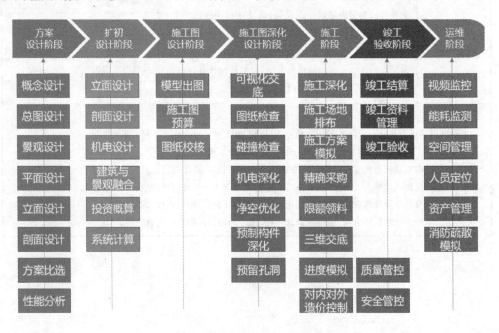

图 4.1 BIM 全生命周期状态下的应用汇总

一般来说,从项目规划阶段开始,BIM 技术就可以参与规划,在此阶段,规划院、业主、建筑师可以借助 BIM 技术进行包括概念设计、总图设计、景观设计、整体规划等一系列应用。完成初步规划后,项目进入设计阶段。在初步设计阶段,设计师可以通过 BIM 完成专业设计、投资概算、能耗分析等内容;到施工图设计阶段,软件可提前完成设计深化,完成图纸检查,利用模型直接出图。我国现今对于 BIM 在施工阶段的研究最为深入和成熟,利用 BIM 技术,施工管理人员可以对过程进行更为有效的管理,其涉及的应用也是数不胜数,技术也最为普及。基于完整的 BIM 模型,物业单位可以进行智能化管理,将模型与能耗、视频、设备等信息关联,做到智慧建筑。在遇到突发状况时,还可以通过计算机分析出最优疏散路线,增加建筑的安全性。

4.1　规划设计阶段

规划设计是指对项目进行较具体的规划或总体设计,综合考虑政治、经济、历史、文化、民俗、地理、气候、交通等多项因素,完善设计方案,提出规划预期、愿景及发展方式、发展方向、控制指标等理论。

4.1.1　市政规划设计

规划层次为城镇体系规划、城市总体规划、城市规划、镇规划和乡(村)规划五个层次;类型大致有国土规划、区域规划、城市总体规划、分区规划、城镇体系规划、控制性详细规划、修建性详细规划、城市设计、产业布局规划、城市发展理论研究等一系列大小范围、不同内容(专项规划)的规划设计。而现阶段,BIM 技术介入较多的是城市规划及道路规划。

市政规划是为了实现一定时期内城市的经济和社会发展目标,确定城市性质、规模和发展方向,合理利用城市土地,协调城市空间布局和各项建设所作的综合部署和具体安排。城市规划是建设城市和管理城市的基本依据,在确保城市空间资源的有效配置和土地合理利用的基础上,是实现城市经济和社会发展目标的重要手段之一。

市政规划建设主要包含两方面的含义,即城市规划和城市建设。所谓城市规划,是指根据城市的地理环境、人文条件、经济发展状况等客观条件制定适宜城市整体发展的计划,从而协调城市各方面发展,并进一步对城市的空间布局、土地利用、基础设施建设等进行综合部署和统筹安排的一项具有战略性和综合性的工作。所谓城市建设,是指政府主体根据规划的内容,有计划地实现能源、交通、通信、信息网络、园林绿化以及环境保护等基础设施建设,是将城市规划的相关部署切实实现的过程。一个成功的城市建设要求在建设的过程中实现人工与自然完美结合,追求科学与美感的有机统一,实现经济效益、社会效益、环境效益的共赢。

城市规划是规范城市的发展建设,研究城市的未来发展、城市的合理布局和综合安排城市各项工程建设的综合部署,是一定时期内城市发展的蓝图,是城市管理的重要组成部分,是城市建设和管理的依据,也是城市规划、城市建设、城市运行三个阶段中的第一阶段。

城市规划的重要性不言而喻,但传统的平面规划方式缺少大量数据信息,城市地形、车流量、建筑群数量及高度、人口密集区等信息都很难在二维图纸中进行直观的表达,诸多问题在城市规划的过程中暴露出来。借助 BIM 技术,如图 4.2 所示,BIM 工程师可以将大量的数据进行整合汇总,在计算机上直观地了解城市状况,更加高效、准确地完成城市规划。

图 4.2　城市道路规划 BIM 模型

1. 无人机技术

规划设计阶段的市政 BIM 应用,多采用 GIS(地理信息系统)技术与 BIM 技术相结合,并配套相关设备,如无人机等进行实景扫描,再利用倾斜摄影技术三维呈现现场实景,快速还原现场地形地貌特征,结合 BIM 模型对城市的改建或扩建区域进行分析和设计比较,如图 4.3 所示。

通过将无人机航拍技术与数据化建模技术相结合,利用 GIS 技术对建筑物周边场地和建筑物进行建模,了解项目周边道路现状、地形地貌、建筑物属性等,对采光、高程、坡度等诸多信息进行分析,最大限度地掌握项目建成后的造型以及建筑与周边环境的匹配情况。如有问题,可在项目开展前就调整项目方案,确保项目实施的可行性。帮助业主统筹决策,确定最佳的项目位置。

利用 BIM+GIS 技术,结合可视化的技术特点,业主可以在很短时间内完成规划方案的分析。在这个阶段,业主可以要求设计师按照需求调整项目的方位、形状、尺寸、所用材料等多项内容,并在 Lumion、3Dmax 等渲染软件中看到项目建成后的整体效果,还可同时完成多组方案,供业主进行比选。具体项目案例可扫描二维码 4.1。

图 4.3　无人机倾斜摄影技术

二维码 4.1　无人机扫描＋BIM 模型

2. 分析模拟

在过去的市政项目中,各阶段的信息都是离散型的,不易聚集在一起。信息之间的不对称、断层、孤岛甚至逆流现象非常严重。现在可以通过 BIM 技术建立协同平台,实现各环节、各专业的协同作业,打破信息壁垒,搭建信息传递链条,达成项目各环节与专业信息共享。同时,BIM 可以简化专业间信息传递路径,减少重复劳作,高度集中数据,让大家在统一的环境下协同作业,改善传统信息之间沟通不到位对工作的影响,大大提高了工作效率。

基于集成的信息,软件进行多种传统模式对于数据的分析及模拟几乎是无法实现的。导入 BIM 之后,可以建立数据信息模型,运用相关软件进行工程的分析及模拟,包括项目在实施过程中的工序与工法,施工管理中的进度与成本管理,现场布置与施工环境的仿真,项目现场的周边环境及噪声污染,等等;还可以对项目竣工后进行模拟,例如道路早晚高峰的车流量,雨雪天气后的排积水及融雪如何进行,突发情况如何指导市民安全逃离等,不仅提高了项目的品质,还做到了未雨绸缪。

如图 4.4 所示,将统计好的该路口处的人流量、车流量录入软件,佐以交通分析功能,模拟不同时段人行天桥上的人流量和道路上的车流量。根据分析结果衡量是否需要建设人行天桥,更加直观准确地对城市进行规划,节省建造成本,在节约资源的同时,保障国家正向发展。

图 4.4　天桥交通模拟

3. 土方计算

路基是轨道或者路面的基础,是经过开挖或填筑而形成的土工构筑物。路基的主要作用是为轨道或者路面铺设及列车或行车运营提供必要条件,并承受轨道及机车车辆或者路面及交通荷载的静荷载和动荷载,同时将荷载向地基深处传递与扩散。在纵断面上,路基必须保证线路需要的高程;在平面上,路基与桥梁、隧道连接组成完整贯通的线路。在土木工程中,路基在施工数量、占地面积及投资方面都占有重要地位。

路基是由填筑或开挖而形成的直接支承轨道的结构,也叫作线路下部结构。路基与桥梁、隧道相连,共同构成线路。路基依其所处的地形条件不同,有两种基本形式:路堤和路堑,俗称填方和挖方。图 4.5 所示为路基的横断面。

根据道路的位置和形式、尺寸,填方和挖方工程量会发生巨大的变化。而土方工程量的变化会对道路的造价成本控制起到关键性的作用。合理规划道路位置,调整

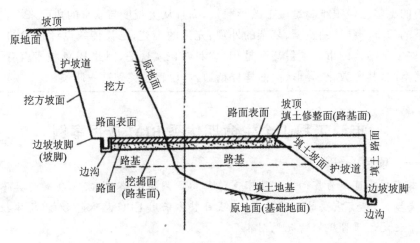

路基各部分的名称

图 4.5　路基横断面图

道路尺寸,根据调整后的路线重新计算土方量,并选择最优路线(见图 4.6),同时满足城市发展需求及节能减排需求。

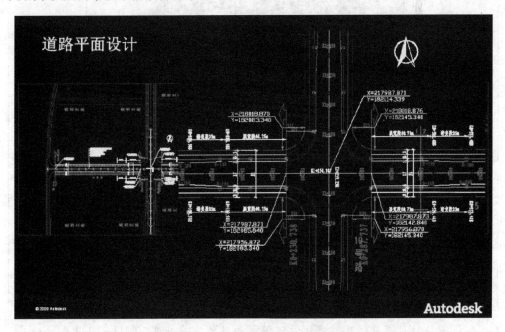

图 4.6　Civil 3D 市政道路设计案例

　　通过 BIM+GIS 技术完成的市政规划,可以对一个或多个项目同时进行分析和演算,对于待建区域较多的城市,可以极大地减少规划过程中的错漏以及返工。随着建筑业信息化技术的日新月异,市政工程在设计及建造上也在不断地变革。传统中规中矩的工程已经很难满足城市的承载量,而且从美观度与欣赏的角度来说,也不符合当下的需求。独特的造型、复杂的外观、先进的工艺,已让传统设计越发的力不从心,有些复杂结构的市政项目甚至是 2D 设计难以实现的,因此 BIM 技术就有了展现拳脚的空间,其参数化、异形、曲面样样精通,可以轻松突破这一瓶颈。

市政工程│全生命期优秀 BIM 应用案例

一、项目介绍

本市政项目是为贯彻实施国家京津冀协同发展战略,由宏观政策向具体实施的重要环节,具有重要的里程碑意义,项目整体采用 EPC 总承包形式,总体投资高达数十亿元。项目规划情况见图 4.7。

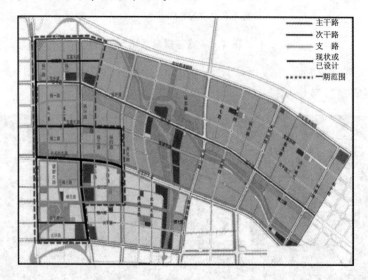

图 4.7 项目市政道路设计案例

二、项目难点

本项目涉及道路工程、桥梁、管线、电力照明等十余个专业,项目具有要求高、专业覆盖广、协调难度大等特点,要求从设计开始就融入 BIM 技术,并贯通设计、施工及运维三个阶段,各阶段项目特点及难点可见图 4.8。

三、4D - BIM 平台应用亮点

该项目针对市政道路项目的管理模式和具体需求应用了 4D - BIM 平台的多个功能模块。结合现场人员的使用和磨合,现在 4D - BIM 平台已经大面积应用在项目的各个部分,发挥着不容小觑的作用。

4D-BIM 平台完美承载了 Bentley 系列所构建的市政道路模型(见图 4.9),做到了属性信息不丢失,模型形体不变形。

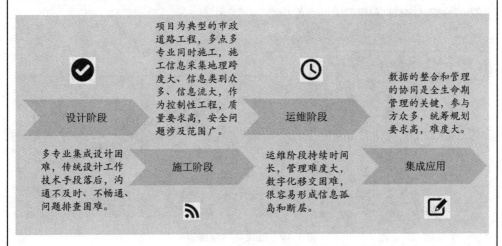

图 4.8　应用特点及难点

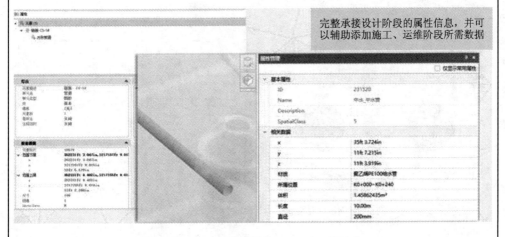

图 4.9　Bentley 模型导入 4D-BIM 云平台

四、进度管理应用

通过 project 将项目进度计划导入 4D-BIM 平台,并与相应模型进行关联(见图 4.10),方便查看;在项目进行过程中填入实际进度时间,进行进度分析和进度模拟,有效地辅助把控现场的施工进展(见图 4.11)。

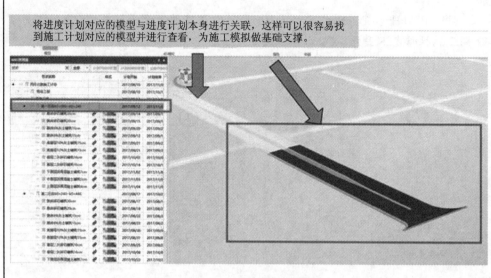

将进度计划对应的模型与进度计划本身进行关联，这样可以很容易找到施工计划对应的模型并进行查看，为施工模拟做基础支撑。

图 4.10　进度与模型挂接

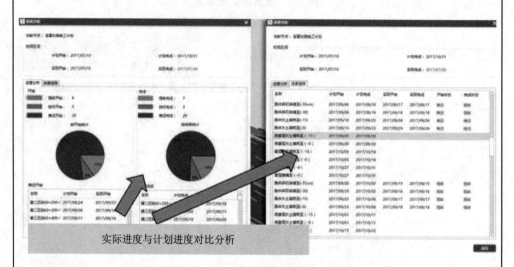

实际进度与计划进度对比分析

图 4.11　进度分析

五、质量安全管理应用

使用 4D-BIM 的三端进行简单快捷的质量安全问题现场填报，闭环问题处理保障问题的有效解决和反馈，如图 4.12 所示，在项目中已经大量使用该功能，并受到一致的好评。

移动端	网页端	客户端
移动端通过微信小程序的形式进行使用，方便在施工现场的人员第一时间进行相关问题的填报工作，接到处理任务的人员也可以按照要求进行整改并恢复。	在网页端同样可以进行质量安全问题的填报，并且拥有高级权限的人员可以对问题进行编辑和更换处理人，方便BIM专职管理人员操作。	在PC客户端上可以查看质量安全问题的详细信息，并且在平台上可以显示各个问题所在的位置，并以图钉的样式显示在模型中。

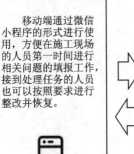

图 4.12　三端协作管理现场质量安全问题

六、材料管理

材料管理辅助项目对于材料、物料进行管控,结合派工单的使用能及时反映材料在施工阶段的使用情况,见图 4.13 及图 4.14。

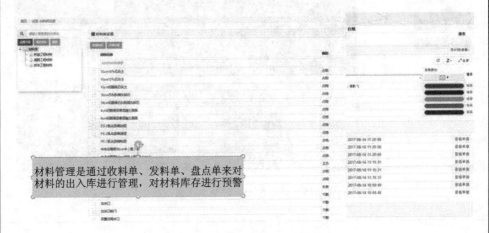

材料管理是通过收料单、发料单、盘点单来对材料的出入库进行管理,对材料库存进行预警

图 4.13　网页端进行材料管理

七、现场监控

在 4D-BIM 管理平台上,可以查看项目中各个摄像头的实时影像并且可以进行操纵。摄像头的位置会在模型中显示,方便对于现场进行管理、查看视频画面,见图 4.15。

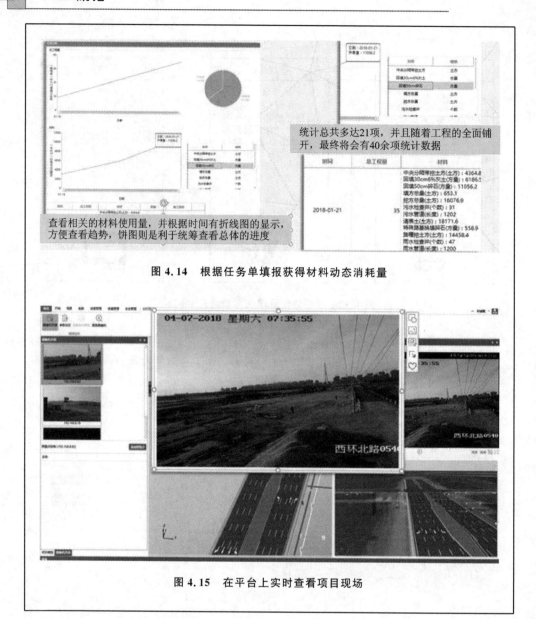

统计总共多达21项，并且随着工程的全面铺开，最终将会有40余项统计数据

查看相关的材料使用量，并根据时间有折线图的显示，方便查看趋势，饼图则是利于统筹查看总体的进度

图 4.14　根据任务单填报获得材料动态消耗量

图 4.15　在平台上实时查看项目现场

4.1.2　房建规划设计

房建的规划设计内容与市政规划略有差异，它需要考虑项目与周边的关联以及项目的整体情况，包括地理位置、人文文化、功能设置以及成本估计等。建筑的形体、功能、出入口方向等诸多因素都与周边环境相关。将建筑规划与市政规划相结合，更有益于项目的开发，增强其绿色环保的价值。房建规划设计中应用 BIM，可进行可视化项目周边情况模拟，如图 4.16 所示。

图 4.16　项目建造环境模拟

一般建筑项目的位置都位于市区地段,建筑物的高度、造型、材料、出入口方向等都会对周边已建的建筑群体造成影响。一个成功的建筑项目不仅自身建造得当,兼顾美观性、实用性以及经济性,同时还可以正向带动周边环境,至少保证不对周边已建的建筑产生不良影响。

通过 BIM 技术结合无人机倾斜摄影技术,业主单位可以在项目规划阶段即对建筑物的大致情况有所把控,再结合建筑物周边的情况,最大程度上提高项目的可行性,并且尽可能地降低成本,以及对其他人员、建筑的负面影响。

4.2　设计阶段

设计阶段是工程项目建设过程中非常重要的一个阶段,在这个阶段中将决策整个项目实施方案,确定整个项目信息的组成,对工程招标、设备采购、施工管理、运维等后续阶段具有决定性影响。此阶段一般分为方案设计、初步设计和施工图设计三个阶段。

设计阶段的项目管理主要包含设计单位、业主单位等各参与方的组织、沟通和协调等管理工作。随着 BIM 技术在我国建筑领域的逐步发展和深入应用,设计阶段将率先普及 BIM 技术应用,基于 BIM 技术的设计阶段项目管理将是大势所趋。掌握BIM 技术,更好地从设计阶段即进行精益化管理,降低项目成本,提高设计质量和整个工程项目的完成效能,具有十分积极的意义。

在设计阶段项目管理工作中应用 BIM 技术的最终目的是提高项目设计自身的效率,提高设计质量,强化前期决策的及时性和准度,减少后续施工期间的沟通障碍和返工保障建设周期,降低项目总投资。本阶段的参与方有设计单位、业主单位、供货方和施工单位等,其中以设计单位和业主单位为主要参与方。

设计单位在此阶段利用 BIM 的协同技术,可提高专业内和专业间的设计协同质量,减少错漏碰缺,提高设计质量;利用 BIM 技术的参数化设计和性能模拟分析等各种功能,可提高建筑性能和设计质量,有助于及时优化设计方案、量化设计成果,实现绿色建筑设计;利用 BIM 技术的 3D 可视化技术,可提高与业主、供货方、施工等单位的沟通效率,帮助准确理解业主需求和开发意图,提前分析施工工艺和技术难度,降低图纸的修改率,逐步消除设计变更,有助于后期施工阶段的绿色施工;更便于设计安全管理、设计合同管理和设计信息管理,更好地进行设计成本控制、设计进度控制和设计质量控制,更有效地进行与设计有关的组织和协调。

在这个阶段,项目的各参与方均可通过不同的 BIM 应用实现各自的商业价值并节约成本。业主单位在此阶段通过组织 BIM 技术应用,可以提前发现概念设计、方案设计中潜在的风险和问题,便于及时进行方案调整和决策;利用 BIM 技术与设计、施工单位进行的设计阶段在项目中一般划分为三个子阶段。在方案设计阶段,参与的人员一般包括业主和建筑设计师,当业主对建筑方案基本满意后,其他专业设计师参与设计;进入初步设计阶段,本阶段需要进行性能分析、经济比选等内容;满足业主要求后,设计师开始进行施工图设计,目标是在确保建筑的可靠性、安全性的基础上尽可能降低建造成本,明确建筑构件的尺寸、材质、配筋、能耗等各项参数。

4.2.1　方案设计阶段

方案设计是设计中的重要阶段,它是从项目的需求出发,根据建筑物的设计条件,研究分析出一个能够同时满足建筑物功能性、实用性的总体方案。这是一个极富有创造性的设计阶段,同时也是一个十分复杂的问题,它涉及设计者的知识水平、经验、灵感和想象力等。方案设计包括设计要求分析、系统功能分析、原理方案设计几个过程。该阶段主要是从分析需求出发,确定实现建筑的功能和性能,并对建筑进行初步的评价和优化。设计人员根据设计任务书的要求,运用自己掌握的知识和经验,选择合理的技术系统,构思满足设计要求的理想方案,为项目设计后续若干阶段的工作提供指导性文件,确保项目的可行性,并在此基础上进行优化。

方案设计阶段的 BIM 应用主要是利用 BIM 技术对项目的可行性进行进一步验证,对下一步深化工作进行推导和方案细化。利用 BIM 软件对既有信息进行整合分析,得出相应的数据,从而选择最优方案。

1. 可视化方案设计

BIM 三维可视化的特点有力地弥补了业主及最终用户因缺乏对专业建筑图纸的理解能力而造成的与设计师之间的交流鸿沟。基于 BIM 三维设计软件,使设计师能使用三维的思维方式来完成建筑设计,同时也使业主和最终用户真正摆脱了技术壁垒的限制,随时知道自己的投资能获得什么,方便相互之间进行更好的沟通、讨论和决策。

　　基于 BIM 技术高度可视化、协同性和参数化的特点,建筑师可以在业主要求或设计思路发生改变时,基于参数化操作快速实现设计成果的更改,从而大大提高方案阶段的设计进度。尤其适用于空间造型复杂的项目,可以利用 BIM 技术实现空间形体、基于变量的形体生成和调整,从而避免传统设计中的工作重复、设计表达不直观等问题,如图 4.17 所示。

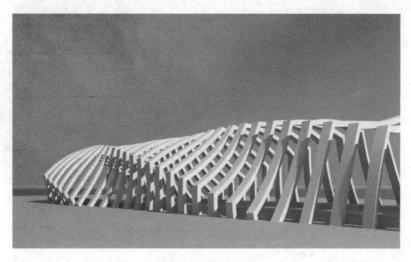

图 4.17　龙骨模型

　　项目外观特性时时更新,业主可以面对模型更具针对性地提出自己的想法,对设计师修改后的方案一目了然。其配套有项目相关材料和大致成本,业主在选择外观造型的同时,还能判断不同造型所对应的项目造价,更加有效地选择设计方案。

　　下面以 Avia 体育场馆设计为例,具体介绍 BIM 技术在方案设计阶段空间形体设计中的应用。

参数化设计在 BIM 技术中的应用案例——Avia 体育场馆设计

段文婷

　　Avia 体育场馆(见图 4.18)建成于 2010 年,可容纳 50 000 人,由擅长体育建筑设计的 Populous(前身 HOK Sport 公司)完成,是第一座完全依靠参数化设计手段完成的体育场馆。整个设计希望成为当地的标志性建筑,同时建筑本身又要与周边环境相融合。所以,设计采用一个自由的曲线形态,应用奔特力公司的 GC(Generative Components)软件进行设计,采用多方案比较方法获得对周边环境遮挡最少的形体。此外,采用透明材料的表皮,以获得更多的阳光,使得建筑本身能够更好地融合于周边环境。设计师试图将屋顶结构和建筑立面组成一个完整的形体,并包裹在主体结构外面,打破传统体育场馆屋面结构与外立面分离的设计方法。

图 4.18 Avia 体育场馆三维模型

整个设计方案建立的过程是,首先在 Rhino 建立 3D 模型,利用 3D 模型快速建立形体并获得最适合的平面形态。一旦这个形式得到认可,就会在 GC 里面建立一个基本模型,再将 Rhino 中得到的数据导入生成 GC 的脚本,并由此脚本生成新的模型。而在 GC 中生成的模型具有很强的可修改性,由结构工程师进行优化,并将结构设计数据导入模型。这样,在同一个模型中,建筑师负责表皮和建筑形态的设计,而结构工程师则在这个模型上面对结构构件尺寸和位置进行调整。这时所有参数的调整、模型的信息都存储在一个 Excel 表格里。结构工程师只需要将调整好的数据输入,建筑师所使用的模型就会及时得到更新。同时,幕墙顾问公司和建筑师通过统一的建筑模型进行研究,分析实际建造中有关幕墙板材尺寸的问题,并在 Solid Works 中以原模型的结构中心线作为基础,建立更为细致的幕墙节点模型,并再次对幕墙设计进行优化。正是通过对参数模型的分析,计算出体育场馆幕墙最小厚度不是设计时选择的 8 mm 厚的聚碳酸酯板,而可以采用 3 mm 厚的聚碳酸酯板代替,这样整体屋顶材料的质量可以从 200 t 减少到 80 t,从而使材料的造价成本降低到原来的 60% 左右。通过应用参数化设计以及 BIM 技术,Avia 体育场馆项目最终在人力、材料上节约了大概 350 万美金。此外,通过建立 BIM 模型,还可以对 Avia 体育场馆进行能源分析,进而实现节能、建设环境友好型体育场馆的设计目标。对于分工明确的国外事务所来说,通过参数信息化模型可以更好地促进跨境公司间的合作,这也是 BIM 技术能够加快设计、协调合作的一个原因。

在整个模型的设计过程中,建筑师起到统领整个设计过程的作用。建成的建筑信息模型除了具备整个建筑的全部信息外,在施工阶段有关建筑立面板材加工和定位都可以在此信息模型中进行修改,大大节约了现场加工的人力和物力成本。

2. 设计方案比选

在建筑成形的初期,往往需要对很多方案进行比较,这些方案不需要精细,但是要尽可能快速迭代,并且直观地向业主进行展示。在 BIM 的协助下,设计师可以通过建立体量模型,快速迭代建筑样式,并对其经济性指标进行简易的分析。对于业主来说,设计方案比选这项应用会将不同方案之间的差距显著地表现出来,有助于其更快地选择方案。图 4.19 所示为某学校项目的比选模型。

图 4.19　某学校项目比选模型

对于市政项目,BIM 技术可以深化设计内容,结合周边建筑以及自身建设内容,对方案进行展示,向业主进行更加具有说服力的汇报。图 4.20 所示为某项目汇报过程中所展示的三维道路模型。

图 4.20　道路展示汇报

3. 室内装饰初步设计

色彩的选择往往可以决定整个室内的气氛,也是属于概念设计阶段设计师需要纳入考虑范围内的部分。在室内设计中,设计概念既是设计思维的演变,也是设计得出所能表达概念的结果。基于 BIM 技术可视化的特点,设计师可以对建筑物的室内环境、色彩、氛围进行调整,确保其室内环境与建筑物的功能相符,确保建筑外立面的造型颜色和室内装修不会差异过大。对于一些公用建筑物,如电影院、体育馆、医院等的内部设计分区会对建筑物的整体造型起到至关重要的作用,如图 4.21 所示。因此在概念设计阶段,室内设计也需要列入考虑范围内。

4. 场地规划

场地规划是指为了达到某种需求,人们对土地进行长时间的人工改造和利用。这其实是在与场地地形相适应的情况下,对现有土地进行分区再利用。在建筑项目设计阶段中的场地规划一般分为场地分析和整体规划两个阶段。(BIM 工程技术人员专业技能培训用书编委会,2016)

① 场地分析　是对建筑物的定位,建筑物的空间方位及外观,建筑物与周边环境的关系,建筑物将来的车流、物流、人流等各方面的因素进行集成数据分析的综合。场地设计需要解决的问题主要有:建筑及周边的竖向设计确定、主出入口和次出入口

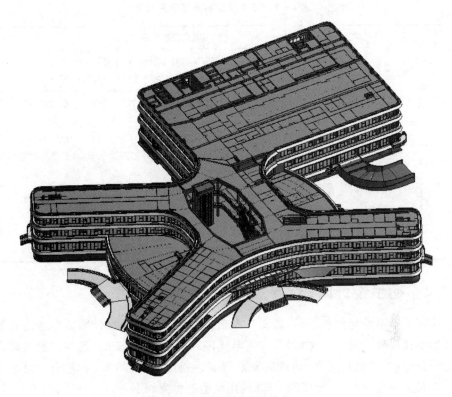

图 4.21　某医院建筑分区

的位置选择、考虑景观和市政需要配合的各种条件。在方案策划阶段,景观规划、环境现状、施工配套及建成后交通流量等方面,与场地的地貌、植被、气候条件等因素关系较大。传统的场地分析存在诸如定量分析不足、主观因素过重、无法处理大量数据信息等弊端。通过 BIM 结合 GIS 进行场地分析模拟,得出较好的分析数据,为设计单位的后期设计提供最理想的场地规划、交通流线组织关系、建筑布局等关键决策的依据。利用相关软件对场地地形条件和日照阴影情况进行模拟分析,帮助管理者更好地把握项目的决策。

②　总体规划　通过 BIM 建立模型能够更好地对项目做出总体规划,并得出大量的直观数据作为方案决策的支撑。例如,在可行性研究阶段,管理者需要确定出建设项目方案在满足类型、质量、功能等要求下是否具有技术与经济可行性,而 BIM 能够帮助提高技术经济可行性论证结果的准确性和可靠性。通过对项目与周边环境的关系、朝向可视度、形体、色彩、经济指标等进行分析对比,化解功能与投资之间的矛盾,使策划方案更加合理,为下一步的方案与设计提供直观、带有数据支撑的依据。

基于 BIM 技术的场地规划实施管理流程和内容见表 4 − 1。

表 4 - 1　场地规划实施管理流程表

步　骤	流　程	实施管理内容
1	数据准备	① 地勘报告、工程水文资料、现有规划文件、建设地块信息; ② 电子地图(周边地形、建筑属性、道路用地性质等信息)、GIS 数据
2	操作实施	① 建立相应的场地模型,借助软件模拟分析场地数据,如坡度、方向、高程、纵横断面、填挖方、等高线等。 ② 根据场地分析结果,评估场地设计方案或工程设计方案的可行性,判断是否需要调整设计方案;模拟分析,设计方案调整是一个经过多次推敲,直到最终确定最佳场地设计方案或工程设计方案的过程
3	成果	① 场地模型应体现场地边界(如用地红线、高程、正北向)、地形表面、建筑地坪、场地道路等; ② 场地分析报告应体现三维场地模型图像、场地分析结果,以及对场地设计方案或工程设计方案的场地分析数据对比

4.2.2　初步设计阶段

确定了基本设计信息以后,需要对概念模型进行深化。设计师需要考虑建筑设计方案如何反映当地的人文风情,如何与周围环境协调和互动。这些问题的确定会影响项目成本、建筑利用率、建造的复杂程度、项目交付时间等,对整个项目至关重要。在初步设计阶段,较能实现 BIM 应用价值的步骤如下:

1. 性能分析

利用 BIM 技术,建筑师在设计过程中赋予所创建的虚拟建筑模型大量建筑信息(几何信息、材料性能、构件属性等)。只要将 BIM 模型导入相关性能分析软件,就可得到相应分析结果,使得原本在 CAD 时代需要专业人士花费大量时间输入大量专业数据的过程,如今可自动轻松完成,从而大大缩短了工作周期,提高了设计质量,优化了为业主的服务。

性能分析主要包括以下几个方面:

① 能耗分析　对建筑能耗进行计算、评估,进而开展能耗性能优化;

② 光照分析　建筑、小区日照性能分析,室内光源、采光、景观可视度分析;

③ 设备分析　管道、通风、负荷等机电设计中的计算分析模型输出,冷、热负荷计算分析,舒适度模拟,气流组织模拟;

④ 绿色评估　规划设计方案分析与优化,节能设计与数据分析,建筑遮阳与太阳能利用,建筑采光与照明分析,建筑室内自然通风分析,建筑室外绿化环境分析,建筑声环境分析,建筑小区雨水采集和利用,如图 4.22 所示。

在建筑能耗的各个组成部分中,照明能耗所占的比重较大,为了降低照明能耗,自然采光的设计特别重要。在一些大型项目中,会引入中庭强化自然采光,结合其他

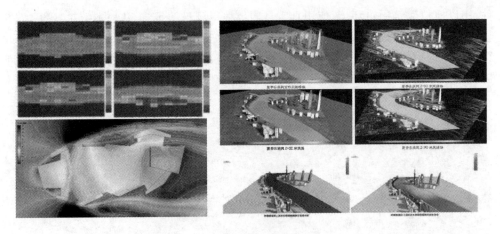

图 4.22　气候分析

技术使用。利用 BIM 模型,分析楼体建成后室内的自然采光状况。BIM 模型中包含了建筑围护结构的各种信息,特别是玻璃透过率和内表面反射率等参数,对采光分析尤为重要。通过 Ecotect、斯维尔等软件,可以高效准确地进行采光分析,选择最优方案,达到降低能耗的目的,如图 4.23 所示。

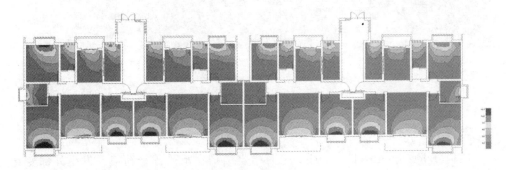

图 4.23　采光分析

　　日照分析是指具有相关资质的专业技术部门利用计算机,采用分析软件,在指定日期进行模拟计算某一层建筑、高层建筑群对其北侧某一规划或保留地块的建筑、建筑部分层次的日照影响情况或日照时数情况。日照分析适用于拟建高层建筑。多层建筑不做日照分析,根据技术管理规定要求按日照间距控制。根据国家有关规范,应满足受遮挡居住建筑的居室在大寒日的有效日照不低于 2 小时。居室是指卧室、起居室(也称厅)。敬老院、老人公寓等特定的为老年人服务的设施,其居住空间不应低于冬至日 3 小时的日照标准;中小学教学楼的教学用房不低于冬至日 2 小时的日照标准;医院病房楼的病房部分应满足冬至日不低于 2 小时的日照标准。满足以上日照要求时,即为日照不受影响。

　　结合各地日照数据及住宅建筑日照标准,将 BIM 模型信息数据导入日照模拟软件,用以模拟建筑周边环境,使用真实日照数据得到日照报告,从根本上对日照、光环境、热环境等方面进行精确的集成模拟和分析,如图 4.24 所示。通过分析模拟结果,可以计算合理的建筑间距,针对日晒过度的建筑部分进行遮阳方面的优化设计;还可以利用太阳辐射数据制定节能方案,实现可再生能源的最大化合理利用。

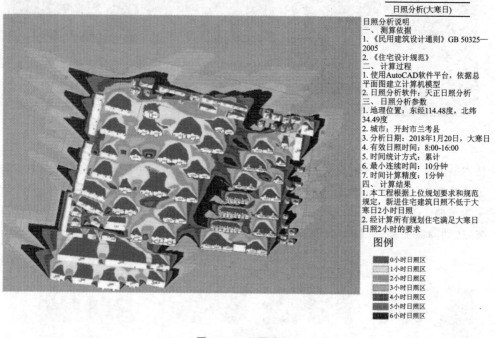

图 4.24　日照分析

2. 结构分析

结构分析(structural analysis)是对指定结构在承受预计荷载及发生外部变化(例如,支座移动及温度变化)所进行的预计分析。当前此项工作由结构设计师借助计算机软件完成。对于普通的公用与民用建筑,多以钢筋混凝土材质为主,其结构分析一般可分为前处理、内力分析、后处理三个步骤。前处理是指通过人机交互式输入结构简图、荷载、材料性能等诸多需要在计算结构受力情况时用到的参数,并创建结构模型,如图 4.25 所示。内力分析是基于结构设计师输入的参数,对当前建立的建筑模型进行不同工况下的内力和位移分析。后处理是指将内力值与材料抗力进行比对,或按照相应的设计规范计算出满足内力承载能力要求的钢筋配置。

基于 BIM 模式下的结构分析,简化了前处理的工作步骤,在概念设计阶段或建筑设计阶段的模型可以直接通过 ifc 格式或其他软件对应格式转入结构分析软件中,所有在前期阶段已经确认下来的材料参数、受力形式等同步转入,可以直接进行受力分析并生成分析报告,开展后处理工作。这项技术极大地减轻了结构设计师的重复工作量,并且面对业主方案推倒式的重来也可以快速应对,减少了设计单位的人力和

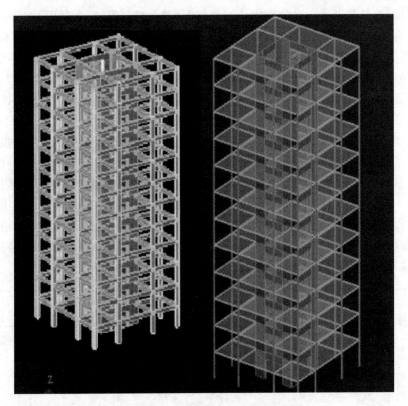

图 4.25　钢筋混凝土结构受力分析

时间成本。

结构设计师不仅可以利用 BIM 技术完成钢筋混凝土结构的受力分析,而且对于钢结构深化设计更是具有极大的意义,具体内容可见 4.2.3 小节。

3. 工程算量

建筑工程项目在不同阶段设置有不同的成本计算方式,在项目初期,也就是规划阶段,咨询单位会根据业主的要求,给出项目估算价格,供业主单位用于进行项目可行性分析研究。而概算编制是在初步设计阶段,并作为向国家和地区报批投资的文件,经审批后用以编制固定资产计划,作为控制建设项目投资的依据。预算编制是在施工图设计阶段,它起着控制建筑产品价格的作用,是工程价款的标底。无论是估算、概算,还是预算、决算,都需要代入工程量进行计算,可以说,工程量的大小,决定了项目的成本大小。

什么是工程量?工程量是指以自然计量单位或物理计量单位表示的各分项工程或结构构件的工程数量。它是整个工程造价中最烦琐、最复杂的部分。利用 BIM 技术建立起的三维模型可以极其全面地加入工程建设的所有信息。根据模型能够自动生成符合国家工程量清单计价规范标准的工程量清单及报表,快速统计和查询各专业工程量,对材料的计划和使用做精细化控制,避免材料浪费,如利用 BIM 信息化特征可以准确提取整个项目中防火门数量的准确数字、防火门的不同样式、材料的安装日期、出厂型号和尺寸等,甚至可以统计防火门的把手等细节。

工程算量主要包括土石方工程,基础、混凝土构件、钢筋、墙体、门窗工程,装饰工程等内容的算量。不同种类的构件工程量的计算方式差别也很大。利用 BIM 技术,人工计算并转换不同构件工程量的计算方式将不再出现。

比如土石方工程量,对于平整场地的工程量,可以根据模型中建筑物首层面积进行计算。而对于基础工程量,可以通过软件自带的表单功能,自动计算基础的体积,也可以通过框选的方式,计算指定区域的基础工程量,精准且快速地完成算量任务,如图 4.26 所示。对于按个数计算工程量的构件,如门、窗等,更是可以一键生成。所有的工程量均可根据模型变化自动修正,避免了工程量与模型无法对应的情况。同时,业主单位可以随时查看方案调整前后的工程量变化,以此衡量项目的经济指标,在设计阶段就对项目成本进行精准把控。

<B_楼板明细表>					
A	B	C	D	E	F
施写类型	标高	周长（毫米）	体积（立方米）	面积（平方米）	说明
楼板:钱江	室外地坪	61324	119.71	299.27	
楼板:钱江	1F	209670	196.29	1308.60	
楼板:钱江	1F	34880	9.42	62.81	
楼板:钱江	1F	58170	62.98	104.97	
楼板:钱江	1F	23600	10.20	17.00	
楼板:钱江	1F	114240	4.51	45.12	
楼板:钱江	2F	209670	190.24	1268.28	
楼板:钱江	2F	34880	9.42	62.81	
楼板:钱江	2F	114240	4.51	45.12	
楼板:钱江	3F	209670	190.24	1268.28	
楼板:钱江	3F	34880	9.42	62.81	
楼板:钱江	3F	114240	4.51	45.12	
楼板:钱江	4F	209670	190.24	1268.28	
楼板:钱江	4F	34880	9.42	62.81	
楼板:钱江	5F	114240	4.51	45.12	
楼板:钱江	5F	209670	190.24	1268.28	
楼板:钱江	5F	34880	9.42	62.81	
楼板:钱江	5F	114240	4.51	45.12	

图 4.26 某项目楼板工程量计算

4. 方案渲染展示

三维渲染图如同施工图一样,都是在设计阶段必备的展示成果之一,既可以向业主展示建筑设计的仿真效果,也可以供团队交流讨论。不同于方案阶段的可视化方案设计,初步设计阶段的方案渲染展示更偏向于后期成果输出。无论是公用建筑还是民用建筑,在最终的方案确定后,均需要进行三维渲染出图。这一方面可以增强企业品牌效益,另一方面可以对产品进行直观表达,让各专业人群均可得到用户体验。

传统的渲染手段是 3D Max 绘制渲染图纸,通常是在项目接近竣工阶段才可以开展,只具备单次渲染的能力,对于前后发生较大变动的项目,无法对项目前后期的成果进行渲染,且渲染成果多以图片的形式输出。在 BIM 介入项目后,渲染手段从图纸渲染更改为模型渲染,因此,即便项目模型发生变化,只需要直接替换模型,就可以重新进行渲染,降低了渲染工作的局限性。在现今的 BIM 渲染工具中,如 Lumion 等软件已经发展得相对成熟,除了可以对建筑材料进行仿真渲染,还可以针对不同季节、不同天气、不同地区的项目提供模拟渲染,更加符合实际需求,如图 4.27 所示,Lumion 软件完成了项目在冬季雪天环境下的渲染。

图 4.27 某项目冬季效果渲染

除图片效果外,BIM 渲染软件还可以进行动画渲染模拟,对项目的整体情况、细节把控均以动画的形式进行展示,按照业主需求,添加相应的解说或文字,模拟人员行经路径,无论是向业主汇报,还是后期宣传都可以达到意想不到的效果。扫描二维码 4.2 可以查看某项目的方案渲染动画。

二维码 4.2 某项目方案渲染动画

4.2.3 深化设计阶段

深化设计,是建筑设计中的一部分。概念设计师,是一个项目理念的缔造者,所有的设计和施工都要围绕这个理念行事。表现设计师，将这一理念表现成真实的场景，让决策者看到竣工的一面。结构设计师，确定这一建筑设计是否具有可施工性，用什么结构来实现，以及最短周期、最合适的造价等内容。深化设计师，将内装、外装、景观更具体化，将方案落实到蓝图上，进而更好地施工。机电设计师，负责整个大楼的暖通、电气、智能设计，使其更加安全、更加环保。此外，还需要更多的设计师来完成更加细节的设计，如景观设计、指示系统设计、特别装置设计、家具设计和软装设计等。

在 BIM 技术加持下的深化设计，可以通过协同设计、机电深化设计、碰撞检查、钢结构受力分析、施工图出图、图纸校核等应用，减少施工阶段存在的问题，确保设计的准确性并减少多方对接时存在的沟通障碍。

1. 协同设计

在设计阶段，建筑师之间不仅需要分工协作，还需要与其他专业工程师共同完成设计方案的结构、设备等专业设计。在这个阶段，将会有大量的设计者投入到项目中，如何让团队内部高效地协同工作成为关键，也是这个阶段工作的主要模式。Revit 软件提供了专门的"协作"工具：工作集和链接（见图 4.28）。

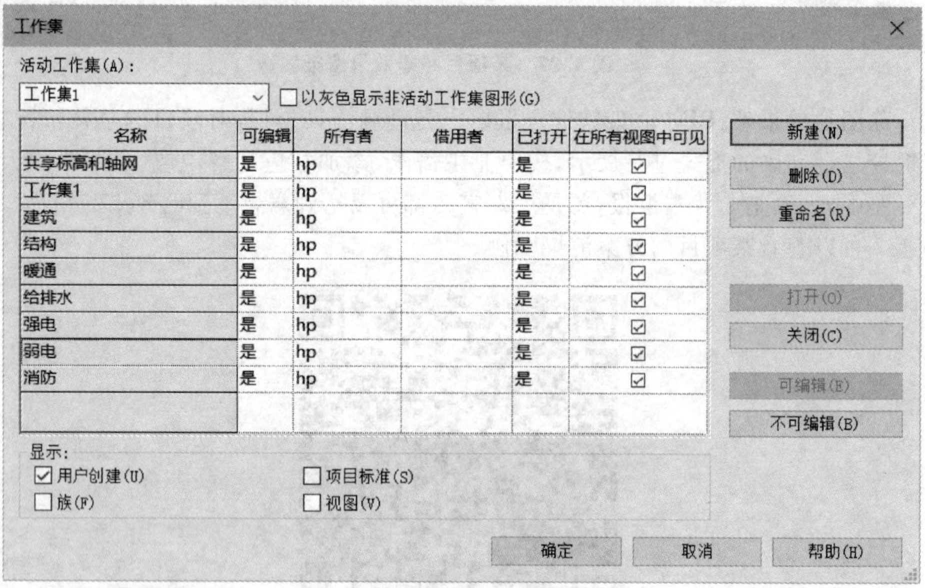

图 4.28　Revit 工作集

当一个复杂设计项目的设计工作进行到深化设计阶段后，由团队负责人启动软件协同设计功能，即工作集。工作集是人为划分图元的集合。在给定时间内，只有一个用户可以编辑每个工作集。所有团队成员都可查看其他小组成员所拥有的工作集，但不能对它们进行修改，可以从不属于自己的工作集借用图元，编辑完成后保存到中心文件中再还给原来的工作集，提升了项目效率，也实现了真正的协同设计，如

图 4.29 所示。

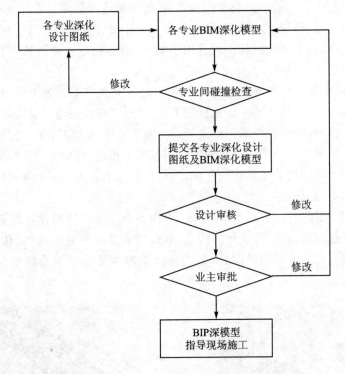

图 4.29　协同设计工作流程

工作集的协作流程如下：

① 团队负责人依照成员数量和项目复杂程度,将设计模型划分为若干个组成部分,各部分之间不能重叠。

② 将相应的建筑构件分配到各部分中,并制定编辑权限,同时将该模型文件保存为设计中心文件。

③ 随后成员通过网络访问服务器的中心文件,通过"另存为"命令得到各自需要编辑的部分,在本地计算机进行深化设计。深化设计过程中,成员需要随时将自己的设计结果更新到设计中心文件中,保证其他成员可以及时看到其他部分的设计成果,从而使设计工作保持一致。

链接 Revit 模型的操作方法同 AutoCAD 的外部参照非常类似,最接近于传统模式。该方法适用于单体建筑或可以拆分为多个单体,且需要分别出图的建筑群项目,设计团队的建筑师各自完成一部分单体设计内容,并在总图(场地)文件中链接各自的 Revit 模型,实现阶段性协同设计。

2. 机电深化设计

机电设计是指机电设计师根据建筑功能分区以及结构设计结果进行管线走向及

尺寸设计。一般建筑项目的机电设计被分为给排水、暖通、电气三个专业,由不同专业的设计师分别设计。基于此类工作模式,传统的机电工程师在设计过程中,都是根据梁高指定各专业管线高度的。这种设计方式对于设计师来说十分方便快捷。但在实际施工过程中,完全按照这样的设计图纸施工,会导致各专业间管线打架,需要重新进行调整。

在 BIM 技术参与到建筑工程项目之前,机电深化工作是由施工单位在项目开展之后,在施工阶段进行优化的。但这样的方式,对施工单位机电安装人员的经验要求及专业要求会比较高,因为要确保修改后的方案符合国家规范,并且满足设计需求,这无疑增加了施工单位的工作量和成本。而此项工作,实则属于设计师的工作内容,如果能在项目设计阶段就完成管线优化,就可以同时节省人力成本和时间成本,使设计单位和施工单位都受益。

机电的优化工作可以借助 BIM 手段,组织各专业采用协同设计的方式,在同一模型上同时进行设计,利用可视化的特点,有效检查其他专业的位置、高程、尺寸,从而更好地完成自己专业的设计工作,最大限度地减少管线碰撞的数量及可能性,如图 4.30 所示。

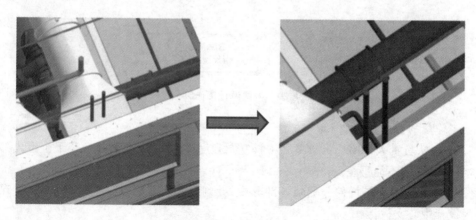

图 4.30　机电优化

3. 碰撞检查

碰撞检查按照碰撞专业可分为两种,即土建与机电的碰撞、机电与机电的碰撞。而根据安装空间可以将碰撞分为软碰撞(管线未发生碰撞但安装空间不足)和硬碰撞(管线发生碰撞)。通过软件,设计师可以创建 BIM 模型,并进行碰撞检查,即检查模型中的图元是否发生冲突,汇总所有碰撞检查的数量和原因,在施工安装开始之前就在计算机上进行预安装,提前发现所有管线碰撞的可能性,并进行优化调整,减少后期返工的可能性,并核算路由更改后或管线尺寸变更后的成本价格。

由软件检查出的碰撞结果(见图 4.31)可交由设计人员作为设计依据,进行设计优化,使机电排布考虑的内容更加全面,减少了后期返工的概率。此外,碰撞检查可以辅助开展管综优化、预留洞口等多项内容,对施工阶段的实施和管理都有很大帮助。

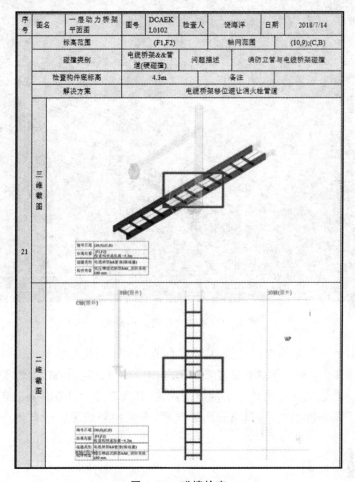

图 4.31　碰撞检查

4. 钢结构受力分析

钢结构设计是结构设计中的一部分,但由于它与常规的建筑结构设计所选用的材料不同,导致其建筑形式、功能作用以及受力方法都与钢筋混凝土结构有较大的差别,一般由专门的钢结构设计师负责专项设计。图 4.32 所示为钢结构模型三维图纸。

由于钢结构构件无法在施工现场进行制作,因此所有的构件都需要设计师经过计算,选出合适的尺寸与形状,绘制出结构图纸,交由生产厂家进行预制加工。这一过程对于钢结构设计师的要求甚严,因为材料应同时具备合理安全和节约成本的特点。BIM 技术的出现可以辅助设计师开展可视化的受力分析工作,并根据模型的变化同步计算工程量的变动,确保设计师对于作品的精准把控。

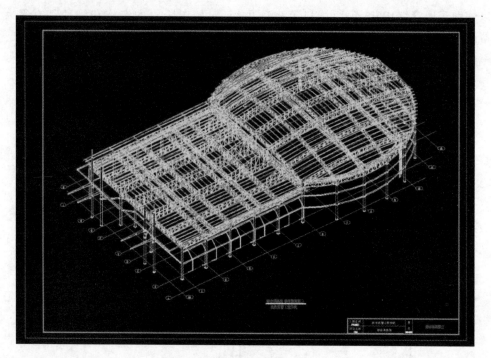

图 4.32　钢结构模型三维图纸

　　分析之后的最佳结果可以通过 BIM 软件直接由三维模型转化成二维图纸,也可直接生成三维图纸,避免方案变更带来的部分图纸变更,以及由此导致的平面与立面或详图不对应的情况。特别是对于钢结构建筑,其大部分构件都具备一定的特异性,形状与尺寸需要精准把控,一旦出现图纸问题,会直接导致无法顺利生产,进而影响施工。

5. 施工图出图

　　施工图出图是设计阶段最后也是最重要的工作任务。施工图,是表示工程项目的总体布局,建筑物、构筑物的外部形状、内部布置、结构构造、内外装修和材料作法,以及设备、施工等要求的图样。施工图按种类可划分为建筑施工图、结构施工图、水电施工图等。施工图主要由图框、平立面图、大样图、指北针、图例、比例等部分组成。施工图的作用是指导施工单位进行施工,图纸准确性至关重要。但是,现阶段的业主和设计单位因为沟通障碍或设计单位图纸不准确等原因,导致施工图纸会出第二版、第三版,甚至是第四版。修改后的版本在考虑项目成本的情况下,不会与原版本有太大差别,多是对项目局部进行修改。这样的修改对于三维模型来说,只需要修改一次,但对于二维图纸来说,需要将对应的立面图、剖面图以及详图同步修改。这项工作如果基于人力完成很容易出现错漏,导致图纸无法对应的情况,从而造成施工过程中的困扰。BIM 可出图的特点很好地解决了这个问题。

BIM 所生成的模型都是三维联动的,因此,无论哪里进行了修改,都会在三维和二维产生联动变化,做到"一处修改,处处到位",避免了因为修改位置过多导致平面图纸与立面图纸修改结果不一致的情况。在提高出图效率的同时,保证了图纸的准确性,如图 4.33 所示。

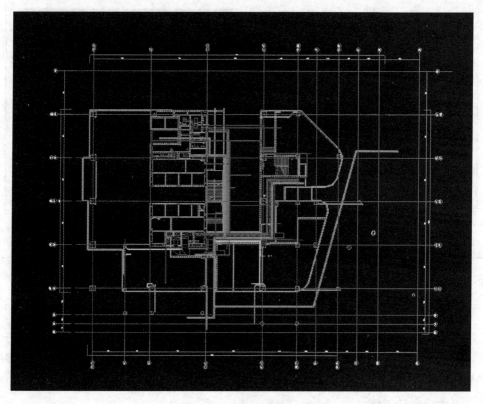

图 4.33　Revit 图纸输出

6. 图纸校核

图纸校核是 BIM 在应用阶段的又一重要的应用点,用于设计图纸的验收过程中,目的是确保图纸的准确性,减少图纸错误,保证信息传递的有效性。

图纸校核的应用并不单纯依靠 BIM 软件完成,而是要在碰撞检查和机电优化的基础上,对图纸中依旧存在的问题进行整理,生成成果文件,利用 BIM 可视化的特点,更好地解决图纸中的问题,提出解决思路,简化沟通流程,具体样式可参照图 4.34。

图纸校核不仅可以反馈问题,还可以作为纸质资料记录存档。对于争议性问题明确责任立场,有利于解决后期矛盾纠纷。在后期项目出现质量问题时,责任不清的现象时有发生,施工单位和设计单位之间相互推脱,规避责任。图纸校核可以在很大程度上减少这类现象,设计单位只需要针对图纸校核中发现的问题提出解决方法,而施工单位则需要确保没有图纸问题被遗漏。

涉及区域	江南工作井	专业&涉及图纸	专业：暖通 图纸名称：江南工作井地下一层防火分区一通风平面图 图纸编号：BASD-S-TF-01-26	图纸定位	A~B轴/1~2轴
问题描述	送风管与顶板碰撞			编号	008
	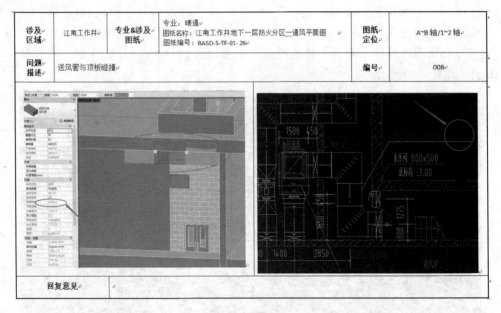				
回复意见					

图 4.34　图纸校核

长沙地铁项目基于 BIM 技术图纸会审,让图纸问题无处可藏

中文网小编 3 号

　　长沙地铁项目自开工以来致力于 BIM 技术的应用、探索,现已将 BIM 技术多个应用点实现落地运用,其中基于 BIM 技术的图纸会审是重要应用点之一。

一、熟悉图纸

　　图纸会审需了解工程概况、结构形式、设计意图,熟悉它,做到知彼知己、百战不殆,并对主要设计参数、结构形式、施工工序、标高、坐标、材质以及墙梁板类型做好笔记,为后续数据化翻模、虚拟建造做好准备。

二、数据化翻模、虚拟建造

　　图纸会审需拟定数据化翻模、虚拟建造思路,根据拟会审的图纸结构形式进行划分数据化翻模单元、选择相应建模工具,在数据化翻模的过程中会直观发现图纸标高、标注、尺寸、材质等问题;对于跨多个专业的工程,在前述会审的基础上,通过 Navisworks 模型综合(见图 4.35),进行碰撞分析,会直观发现跨专业图纸标高、尺寸等问题;进一步做好图纸会审,借助 VR 技术、侵入式检查,发现拟建工程的设计问题。

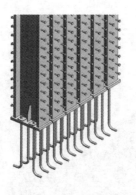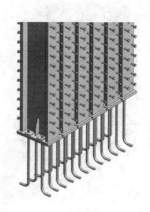

图 4.35　数字化建模

三、出具图纸会审报告

图纸会审根据前述两步图纸会审结果,对图纸会审问题进行分类整理,并指明图纸问题出处、问题描述、图片(修改建议)等,即形成最终 BIM 图纸会审报告。

总　结

该项目通过 BIM 图纸会审实践,基于 BIM 技术的图纸会审较传统的图纸会审具有逻辑性强、更易发现图纸问题、查找图纸设计问题更彻底、可直观表达图纸问题等优点。

4.3　施工阶段

设计阶段是根据拟建项目设计的内容和深度,将设计工作分阶段进行。我国目前一般按初步设计和施工图设计两个阶段进行,对于技术复杂而又缺乏经验的项目,可在初步设计后增加技术设计阶段。各阶段的设计是逐步深入和具体化的过程,前一设计阶段完成并经上级部门批准后才能进行下一阶段设计。

目前,BIM 在施工阶段的参与度是最高的。在初步设计阶段,BIM 技术可以协助设计师完成包括方案比选、经济指标分析、绿建分析、方案出图等在内的多项应用。在施工图设计阶段,BIM 技术可以帮助设计师以及施工单位,更加直观地了解方案的具体情况,避免各专业间由于沟通不畅通造成的重复作业。图 4.36 所示为某地铁站在施工阶段的 BIM 模型,项目模型精度可以作为本阶段的参照。

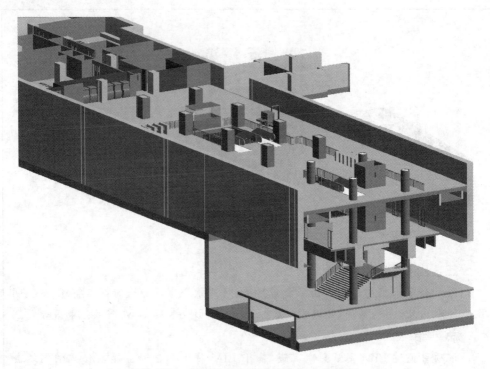

图 4.36　某地铁站在施工阶段的 BIM 模型

4.3.1　施工图深化设计

　　施工图深化设计是指施工单位基于原有的施工设计图纸进行进一步的深化加工,目的是保障施工过程中施工人员能够正常、合理地完成设计图纸的要求。施工深化设计一般由施工单位完成,在此阶段,BIM 可以参与并创造价值的应用有以下方面。

1. 可视化交底

　　BIM 可视化交底顾名思义,BIM 可视化是方式,交底是目的,相对于文字性交底而言,BIM 可视化最突出的特点是直观明了,这也是选择以 BIM 为载体的原因。BIM 技术在基础建设行业中展现出强大的可视化与数字化优势。BIM 可视化技术支持现实世界与电子虚拟空间的数字孪生,实现两者之间的物理参数信息互动,其数据的唯一性支持了多构件之间的设计协同。同时,除了进行效果展示和生成报表之外,BIM 可视化应用更重要的是在项目设计、建造、运营过程中为沟通、讨论、决策提供精准直观的数字模型场景。由此衍生的各类施工模拟动画,可系统、形象地演示工程建设内容和过程。

　　因为行业特点,一线的建筑施工作业人员普遍受教育程度不高,面对传统的、枯燥的交底单,往往反映不愿看、看不懂、记不住,交底流于形式,相关的措施规定不能有效传递至工地现场,也是质量隐患、事故多发的重要原因。而 BIM 的表达方法"所见即所得",更有利于施工人员直观领悟,让其能真正看到、听到、说到、做到,提高建筑从业人员的整体素质,奠定企业文明施工、安全生产的良好基础。尤其是近年建筑形式各异和造型复杂的建筑方案频出,光靠建筑参与人自行"脑补"显然并非最优解决之道。BIM 提供了全程动态的、可视化的解决方案,不失为一种简单易行、高效的方法。

可视化交底具体应用的例子有很多,以高支模专项施工方案交底为例,因传统的高支模技术交底的流于形式以及被交底人对待交底的不认真,导致了对交底方案一知半解甚有歧义,成为建筑工程重大危险源。为了改变这种枯燥的单一交底方式,将可视化技术运用到方案之中是一种有效的方法。根据施工方法和架体构造及搭设要求,将具体的文字性要求,通过三维软件建模,有针对性地还原作业面仿真现场,加强被交底人对现场环境的感知,并进一步加深其感官印象。在模板搭设步骤中,用三维动画立体全景地将各个构件分解,用简单明了的动画手段集中展示,将以往枯燥的文字步骤生动地展现,让被交底人迅速全方位地掌握最基础、最重要的高支模搭设全过程。

BIM 可视化交底目前在施工单位已经得到了广泛认可,对于这项新型施工方法,相关人员还在积极地探索,期待未来它能带给我们更好的施工体验。

2. 净高分析

净高分析是通过 BIM 模拟预建造,可以形象、直观、准确地表现出每个区域的净高,根据各区域净高要求及管线排布方案进行净高分析,提前发现不满足净高要求、功能和美观需求的部位,并和设计方进行沟通做出相应调整,避免后期设计变更,从而缩短工期、节约成本。没有 BIM 时,我们只有在土建主体结构施工完成、机电安装进行过程中才会发现某些位置的净高已经不能满足要求,甚至会非常低,这时再去调整已经基本不可能了。

在调整完整个区域的管综之后可能因为业主对于机电安装的净高有严格的要求,我们需要整理项目中的所有管线的高程。但是由于没有办法以机电部分的高度设置过滤器,所以我们在这里需要特别设置来达到筛选出不同高程的目的。

基于 BIM 的工程运用及案例分享

图 4.37 所示为局部三维注释分析,位于一期车库 B 区 63—65 轴与 Y—AA 轴,是 21# 主楼与车库连接处,管线较为密集,车库处统一在高度上,上翻 600 进入主楼,保证了车库的净高,图 4.38 所示为该节点的剖面图,可以作为施工指导图纸直接投入项目中使用。

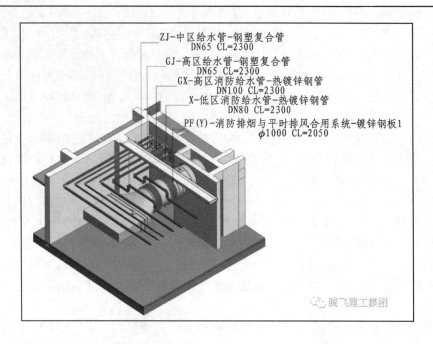

ZJ-中区给水管-钢塑复合管
DN65 CL=2300
GJ-高区给水管-钢塑复合管
DN65 CL=2300
GX-高区消防给水管-热镀锌钢管
DN100 CL=2300
X-低区消防给水管-热镀锌钢管
DN80 CL=2300
PF(Y)-消防排烟与平时排风合用系统-镀锌钢板1
φ1000 CL=2050

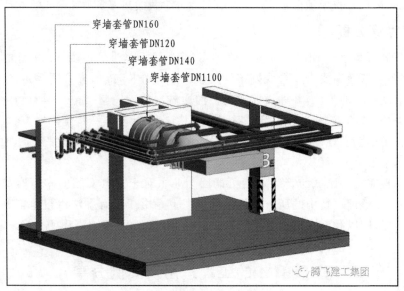

穿墙套管DN160
穿墙套管DN120
穿墙套管DN140
穿墙套管DN1100

图 4.37　局部三维注释图

　　车位处的复杂节点处理,以一期车库 A 区 PA—NA、51—52 轴车位为例,此车位具有代表性,除去底面地坪 100 mm 及支架角钢,底部最低净高保证 2.2 m,见图 4.39 和图 4.40。

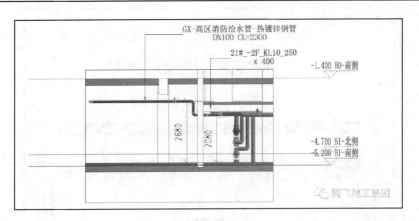

图 4.38　局部剖面图

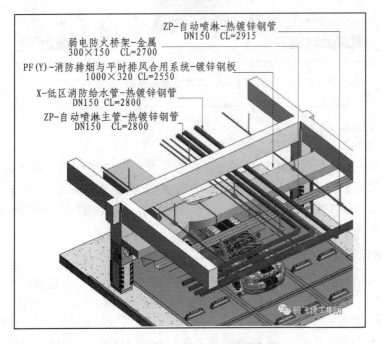

图 4.39　车位综合分析三维局部图

　　净高分析是BIM技术必不可少的应用点之一,有多种表现方式。平面的区域填充和管线的颜色填充都能从整体上对建筑净高有一个大致的了解,而局部的三维、剖面则大多运用在管线密集处的重点、难点处,通过对三维模型的分析,可以对局部的管线高度、建筑净高等有非常直观的认识。每一种净高分析的方法都各有特点,在项目应用中可根据实际需要选择不同的方法。

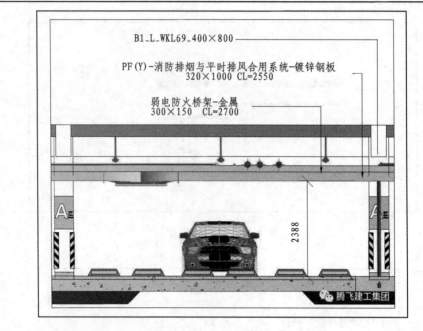

B1_L_WKL69_400×800

PF(Y)-消防排烟与平时排风合用系统-镀锌钢板
320×1000 CL=2550

弱电防火桥架-金属
300×150 CL=2700

2388

腾飞建工集团

图 4.40　车位综合剖面图

4.3.2　施工深化设计

施工深化设计是指为指导施工所制定的一系列可以提高施工效率的计划和措施。BIM 加持下的施工深化设计会更加全面,在节省时间的基础上,提高项目质量,同时为多方创造效益。比较具有代表性的应用包括:场地布置、孔洞预留、施工模拟、进度模拟等。

1. 场地布置

场地布置是施工开展前期最重要的工作内容之一,它需要对包括施工道路、办公室、厂房、防火设备、塔吊和材料堆场等诸多内容进行规划,尽可能保证施工现场用地合理,减少物料搬运距离和搬运次数。传统工作模式下,施工单位多是由经验丰富的工程师按经验规划用地,这种方式并不能确保方案的高效性。而借助 BIM 技术,施工单位可以设定多种方案,并对不同方案进行路线模拟,之后确定场布方案,为项目的后续正常施工做出最大保障。

施工现场的布置主要有两个方面:① 便于组织施工生产,生产材料及设备都就近的原则。② 合理布局,使施工场地可以最大化得到利用,一般生活区、办公区可以设置离施工现场稍远一些,钢筋场地、搅拌站、木工场地及预制场等都应靠近施工现场。另外,还要考虑交通是否便利,是否有利于材料及设备的运输。

场地布置是一个动态的概念,包括多个阶段,通常有基础工程施工总平面、主体结构工程施工总平面、装饰工程施工总平面等,如图 4.41 所示。

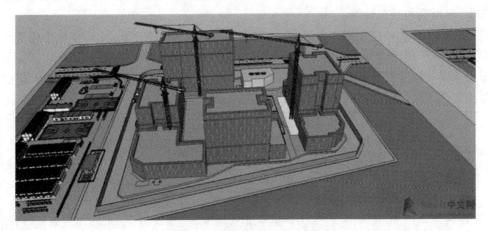

图 4.41　某项目三维场地布置图

采用 BIM 技术,充分利用其三维属性,提前查看场地布置的效果;准确得到道路的位置、宽度及路口设置,以及塔吊与建筑物的三维空间位置;形象展示场地 CI 布置情况,并可以进行虚拟漫游等展示;可以直接提取模型工程量,满足商务算量要求。

通过 BIM 技术制作场地布置可以满足技术、商务、现场以及办公室等部门的多重需要,这就要求我们在模型建立的过程中充分考虑到各方的需求。

通过三维可视化技术,可以给项目带来不少方便,在场地布置及形象策划上,根据公司形象来进行布置,项目部直接按图施工,省时省力,避免返工或是后期调整。场地规划一目了然,施工区域的加工区场地等定位也根据场地布置模型完成从二维到三维的转化,优势明显。

2. 孔洞预留

预留孔是指建筑工程施工时,建筑主体为后续施工的工艺管道、供水管道、暖气管道等设施预留的孔洞。这些预留孔洞可以保证后续施工无须重新开凿孔洞,避免了二次开凿孔洞对主体结构的损伤,同时也减少了开凿孔洞耗用的工时,可以保证工程质量。

传统项目中的孔洞预留多是由机电设计师与建筑设计师配合,对于尺寸较大的管线预先留下的孔洞,避免后期开孔。但由于此过程中,管线并未进行优化,各专业管道走向混乱,有很多小尺寸管线孔洞并未进行预留,因此在设备安装过程中,时常会出现补开孔洞的情况。这种操作模式,一方面浪费时间和成本;另一方面,如果管线要在结构构件上开洞,可能会碰到钢筋,影响结构构件的整体稳定性,造成安全隐患。

由于产生基础质量问题主要是出现在土建基础施工阶段,有时也会在设计阶段产生,在安装阶段才会发现,所以要力争尽早发现问题和解决问题,以减少损失和不必要的浪费。目前,对于基础预留孔洞的施工方法还是比较粗放,不外乎木模板、泡沫板、钢板模和预制模等。

我们在建设一些大型公共项目时,经常会遇到一些施工问题,比如在传统的管理模式中,由于建筑项目的结构复杂性和施工多样性,使得我们在预留预埋阶段需要更多的技术支持和管理手段,对成本和工期造成很大的负担。而 BIM 技术的介入则很好地解决了这一问题,并在其中表现出了特有的优势。

BIM 技术在超高层建筑预留孔洞中的运用

一、工程概况

铜仁睿力国际酒店工程位于贵州省铜仁市,为超高层酒店建筑。地下室为汽车库及设备用房,地上共 39 层为酒店及配套建筑,建筑最高为 155.7 米,结构形式为框架-剪力墙。该项目总建筑面积 142 790 平方米。

本工程采用较多的异形结构来表达灵动的建筑设计,各功能分区交错布置,设备安装量大且相对集中。为解决设计及施工过程中结构、建筑、动力、消防、给排水和空调等系统的协调,项目在贵州铜仁市率先引进了国外 BIM 施工技术,并进行了全项目的模型建立及深化设计,其效果图如图 4.42 所示。

图 4.42　铜仁睿力国际酒店效果图

二、BIM 技术概念及其应用

BIM 全称 Building Information Modeling,逐渐成为建筑行业常见技术的信息化管理系统。BIM 建造建筑信息模型,将参建各方在设计、施工、运维等每一环节的所有信息整合到统一的数据库中,运用数字信息仿真技术模拟建筑物的真实信息,贯穿建筑工程的整个生命周期。

BIM 技术需要及时、准确地对工程项目的相关信息数据进行建立与收集,在工程项目中无论是施工进度、施工现场、还是资源管理和整个工程深化设计等方面,对信息数据的建立与收集都能有效地建立竣工信息模型,从而具体化到每一个施工环节的信息建立,确保 BIM 信息模型贯穿于整个项目生命周期的每一个具体环节。

应用 BIM 技术可以进行三维空间管线的模拟碰撞检查,这不但在设计阶段彻底清除硬碰撞,而且能优化净空和管线排布方案,减少由设备管线碰撞、预埋件漏设、预留孔洞错设引起的拆装、返工和浪费。BIM 技术应用的主要目的是在工程建造的过程中,对工程建造中的信息数据进行建立与集成,将所进行的工程项目进行一个总体规划。工程项目建设工作人员对 BIM 技术的合理运用,能够在很大程度上提高工程管理的效率与质量,为工程项目施工提供准确的高质量数字化信息服务,有利于业主在工程项目后期建设中的运营管理,确保工程的顺利完成以及业主后期的高效率管理。

三、超高层建筑在孔洞预留中的难题

超高层建筑虽然为人们带来便利,但因为过于庞大的体型、复杂的功能、建设难度高于一般水平建筑和巨大的投资等特点,对建筑企业是一个不小的挑战。在超高层建筑施工中预埋件、预留孔洞是工程中不可缺少的重要部分。现在,在超高层建筑预留件、预留孔洞施工中仍然存在不少问题:

（一）需要更严格的设计与合理性检查

超高层建筑体型庞大,功能复杂,结构形式比一般建筑更为复杂,在设计和施工过程中,因经验不足会产生很多不合理之处,常见的是建筑物技术经济指标数据产生较大差异。超高层建筑设计人员对结构方案与机电安装方案间的协调考虑不够周全,设计与施工不统一造成的功能不合理与结构设计浪费,因此在设计方案的过程中,一定要有针对性地进行严格的设计与合理性检查,这将大大提升设计方案的成功率。

（二）多专业交叉致施工难度大,孔洞复杂度提高

在超高层建筑施工过程中,设计人员和施工人员需要注意建筑的结构、暖通、给排水和智能化系统的配合,尤其是在预埋件、预留孔洞的施工过程中。施工人员若因为只重视建筑结构施工而忽视其他专业,首先会影响施工进度,造成工程延期、超高层建筑工程建设进度的滞后;其次直接影响到安装质量,无法使 BIM 技术在工厂建设中的作用充分发挥,阻碍了 BIM 技术给超高层建筑建设效益的扩大。运用 BIM 技术可以确保预埋件、预留孔洞不漏设、不错设,位置、数量、尺寸大小符

合设计及后期使用要求。

四、BIM 技术解决超高层建筑预留孔洞中的难题

（一）BIM 技术在建筑预留孔洞设计中的运用

随着时代的发展，我们的设计方式产生着巨变："图纸"让我们的设计变得更加高效与有序；而在信息时代，我们将更加自主地参与到设计的过程之中，感受互动并定制属于我们自己的空间，未来是一个个性化的设计时代。

在设计时，往往由于各专业设计师之间的沟通不到位，而出现各种专业之间的碰撞问题，例如暖通等专业中的管道在进行布置时，由于施工图纸是各自绘制的，在真正施工过程中，在布置管线预留孔洞时，可能正好在此处有结构设计的梁等构件，从而妨碍了管线预留孔洞的布置，这就是施工中常遇到的碰撞问题。像这样的碰撞问题只能在问题出现之后再进行解决吗？

BIM 的协调性服务就可以帮助处理这种问题，也就是说，BIM 建筑信息模型可在建筑物建造前期就对各专业的碰撞问题进行协调，生成协调数据并提供出来。当然，BIM 的协调作用也并不是只能解决各专业间的碰撞问题，它还可以解决例如：电梯井布置与其他设计布置及净空要求的协调，防火分区与其他设计布置的协调，地下排水布置与其他设计布置的协调等。对工程设计图和 BIM 系统进行合理性和可行性判定，力求做到最大的掌控力度，对施工过程中出现的不确定因素一一预测，防止不良因素的产生。

（二）应用 BIM 技术，可视化虚拟施工解决多专业交叉问题

根据设计要求，运用 BIM 技术分段对预埋件、预留孔洞进行测量放线。测量放线应执行测量"三级"复核制。对预埋件、预留孔洞应在基础垫层、模板上用红油漆标出，应选定两根主钢筋来控制预埋件高度、位置及方向，且焊接牢固。预埋件、预留孔洞应以线路中线来控制放线定位，保证位置准确，精度满足规范和设计要求。

经过 BIM 系统中的协调、模拟、优化工作以后，可得出综合结构流动图、建筑结构-机电-钢结构-装饰综合图等施工图，起到为现场施工提供可视化辅助的作用。将每个施工行为进行及时记录，施工过程中对于每个设备和构件的采购、加工、安装等信息记录在案，方便施工监管人员、管理人员随时核查。在虚拟场景详细了解工程中每个设备和构件的信息，有利于工程后期的运营管理工作。

运用 BIM 技术提供的施工图，超高层建筑工程项目施工人员，能够更加清晰地了解施工流程，了解施工现场中所需要注意的一些事项，提高现场施工人员的施工效率，确保超高层建筑施工现场中每一个环节的顺利完成，避免施工现场发生工程事故，保障施工人员的施工质量，从而解决多专业交叉问题。

（三）运用 BIM 技术进行施工进度模拟来降低孔洞复杂程度

运用 BIM 技术进行三维模拟实施。预留孔洞模型应按设计大小、形状、垂直度进行制作，其精度应符合设计要求。预埋件应按设计规定的材质、大小、形状进行加工制作，并严格按测量放线位置正确安装，保证焊接牢固，支撑稳固，不变形和不位移。图 4.43 所示为结构预留孔洞的三维模型，从中可以清楚直观地找到预留位置、孔洞形状和所属关系。

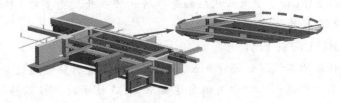

图 4.43　结构预留孔洞的三维模型

利用 BIM 数据库信息平台，可以快速、准确提取精准的施工用料数量，随时为采购计划的制定及施工现场限额领料提供准确的数据支撑，减少因施工用料申报不精准造成的工期延误、仓库积压、资金占用等问题。对于超高层建筑项目，可以利用 BIM 技术进行分区域、分层提取用料量，并一次性将用料卸货至用料地点，减少二次搬运工作，降低二次搬运费用。运用 BIM 技术不仅降低了孔洞复杂程度，而且通过资源合理管理降低了施工企业成本。

五、总　结

在项目的施工过程中，传统状态和工作方法会有很多问题没有办法提前预知，例如，不同专业图纸的交叉、设计变更的可行性、施工对设计要求的实际理解程度等。利用 BIM 技术的碰撞检查、管线综合能力和虚拟施工等手段，对施工难点提前反映，就可以使施工组织的计划更加形象精准。同时，对于后期施工阶段的三维施工技术交底，进行虚拟施工及与实际工程对比都有重要的指导意义。除此之外，还可以将整个三维模型进行打印输出，用于指导现场的施工。

3. 施工模拟

有效协同三维可视化功能再加上时间维度，可以进行进度模拟施工。随时随地直观快速地将施工计划与实际进展进行对比，同时进行有效协同，施工方、监理方，甚至非工程行业出身的业主、领导都能对工程项目的各种问题和情况了如指掌。这样，通过 BIM 技术结合施工方案、施工模拟和现场监测，可以减少建筑质量问题、安全问题，减少返工和整改。利用 BIM 技术进行协同，可更加高效地进行信息交互，加快反馈和决策后传达的周转效率。利用模块化的方式，在一个项目的 BIM 信息建立后，下一个项目可类同地引用，从而达到知识积累、同样工作只做一次的"标准化"。

BIM 技术在大体积混凝土浇筑方案模拟中的应用总结

中文网小编 3 号

一、BIM 模型是 BIM 技术运用的重要一步

BIM 技术的运用需要针对 BIM 的运用深度进行前期 BIM 模型建立。在方案编制阶段根据方案需求建立对应的施工 BIM 模型,可以辅助方案验证、模拟分析等。在施工 BIM 模型里加入相应的资源信息可以开展更多的 BIM 应用工作,来指导大体积混凝土浇筑工作。

二、BIM 深化设计

对比传统的二维深化设计节点图,深化设计体现出独特的优势及创新技术管理思路。本工程在大体积方案编制过程中,BIM 技术对底板钢筋绑扎节点、马镫支撑节点、溜槽窜管节点脚手架、泵管加固节点等进行深化设计,并且输出三维设计图用于现场施工指导。通过三维可视化形式进行现场技术交底,直观地展示复杂节点的空间位置关系和不规则形体信息,包括 BIM 模型、效果展示、工艺搭接等。

三、BIM 工程量统计

通过建立 BIM 模型(如大体积混凝土模型、脚手架设备模型、泵管使用模型和溜管设备模型等),并基于 Revit 或者相关插件进行 BIM 工程量统计,输出相应的材料设备资源用量表,辅助大体积方案编制过程中资源计划表的编制。

四、BIM 方案验证与模拟优化

传统的施工方案是以技术人员和专家的经验为主,而经验很难或者说无法定量地加以描述,并且很难直观比较、验算和优化施工方案,更无法预料施工过程中可能出现的突发问题。BIM 施工模型的创建将施工方案的全过程映射成虚拟环境,通过对此虚拟环境的操作来实现对施工全过程的观察、跟踪控制和引导,最终达到验证、优化、调整、优选施工方案的目的。

五、基于 BIM 进行大体积混凝土浇筑施工场地布置

大体积混凝土浇筑施工作业面较大,施工过程中占用现场内外施工作业面积较广。为解决大体积施工场地的合理规划问题,可以在施工场地规划阶段应用 BIM 技术进行三维施工场地布置与优化分析,提高场地方案布置的实用性。

六、基于 BIM 技术进行大体积浇筑施工模拟及交通组织模拟

大体积混凝土浇筑施工涉及工序较多且复杂,为保证浇筑过程中万无一失,顺利进行,在现场浇筑施工前,可以应用 BIM 技术进行大体积混凝土浇筑施工模拟,及时发现问题,提前解决施工存在的问题。同时,基于 BIM 技术对混凝土运输罐车进行施工场地内外交通组织模拟,提前制订合理的交通组织计划,保证在浇筑过

程中,既不影响现场施工进度需求,也不影响场外交通需求。

BIM 应用总结

在大体积混凝土浇筑施工方案编制阶段,运用 BIM 技术进行施工 BIM 模型建立、BIM 深化、BIM 工程量统计、BIM 方案验证与优化模拟、BIM 施工场地布置、BIM 施工模拟与交通组织模拟等工作的预先开展,保证了大体积混凝土浇筑施工的工程质量,节约了施工成本,缩短了浇筑施工工期,让 BIM 的价值体现得更加明显。

4. 进度模拟

建筑施工是一个高度动态的过程,随着建筑工程规模不断扩大,复杂程度不断提高,使得施工项目管理变得极为复杂。

通过将 BIM 与施工进度计划相链接,将空间信息与时间信息整合在一个可视的 4D(3D＋Time)模型中,可以直观、精确地反映整个建筑的施工过程。4D 施工模拟技术可以在项目建造过程中合理制订施工计划、精确掌握施工进度,优化使用施工资源以及科学地进行场地布置,对整个工程的施工进度、资源和质量进行统一管理和控制,以缩短工期,降低成本,提高质量。

此外,借助 4D 模型,施工企业在工程项目投标中将获得竞标优势,BIM 可以协助评标专家从 4D 模型中很快了解投标单位对投标项目主要施工的控制方法、施工安排是否均衡、总体计划是否基本合理等,从而对投标单位的施工经验和实力作出有效评估。

基于 BIM 虚拟建造,将建筑业从业人员从复杂抽象的图形、表格和文字中解放出来,以形象的三维模型、视频动画作为项目的信息载体,方便了工程项目建设各阶段、各专业中,相关人员的沟通和交流,减少了建设项目因为信息过载或者信息流失而带来的损失,提高了从业者以及行业的工作效率。BIM 在项目中的运行模式如图 4.44 所示。

施工进度计划是项目建设和指导工程施工的重要技术经济文件,进度管理是质量、进度、投资三个建设管理环节的中心,直接影响到工期目标的实现和投资效益的发挥。目前建筑施工中进度计划表达的传统方法大多采用横道图和网络图计划,2D 表达不是很直观,尤其是穿插着施工过程,当某些问题前期未被发现,而在施工阶段显露出来时,就会使项目施工方陷入被动。借助 BIM,对项目施工的关键节点(土方开挖、基础完成、砌体穿插、主体结构封顶、装饰装修、景观布置等)进行方案模拟,重点关注总平布置、交通组织、流水穿插等,更直观、更精确地发现并提前解决施工过程中可能遇到的问题,为不同施工方案提供了可视化的沟通、分析、决策平台。图 4.45 所示为传统进度管理与基于 BIM 的施工模拟进度管理对比。

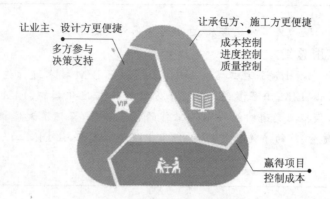

图 4.44 BIM 在项目中的运行模式

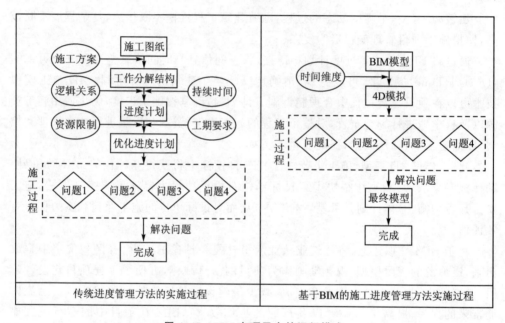

图 4.45 BIM 在项目中的运行模式

施工进度模拟在解决交通组织、施工安排、工序及工作面穿插的核心问题上,起到了安全措施检查、缩短工期、技术方案决策的作用。

5. 预制构件加工

PC 装配式设计已逐渐成为建筑行业的主流设计趋势,它是以预制构件为主要受力构件经装配/连接而成的混凝土结构。装配式钢筋混凝土结构(见图 4.46)是我国建筑结构发展的重要方向之一,它有利于建筑工业化的发展,提高生产效率,节约能源,发展绿色环保建筑,并且有利于提高和保证建筑工程质量。与现浇施工工法相比,装配式 PC 结构有利于绿色施工,因为装配式施工更能符合绿色施工的节地、节能、节材、节水和环保等要求,降低对环境的负面影响,包括降低噪声,防止扬尘,减少环境污染,清洁运输,减少场地干扰,节约水、电、材料等资源和能源,遵循可持续发展的原则。

图 4.46　某项目装配式施工现场

而国内的施工技术依旧是以现浇混凝土施工为主,对于装配式的预制加工模式相对陌生,缺乏熟练的加工技术,在市政项目,尤其是桥梁项目中,大型的预制构件数量较多,特别是在一些高架桥的施工项目中,预制的箱梁、钢模板等一些轻则几十吨,重则上百吨的预制构件,由于考虑到项目施工场地或者施工成本,一般情况下不在施工场地范围内设置大型预制构件的施工区域,再加上大型预制构件的运输十分困难,所以大部分施工单位都倾向于选择向预制构件生产厂商定制或者直接采购现成的预制构件。

目前由于设计单位与生产厂家之间的联系不够密切,构件厂商在生产过程中发现的问题需由施工单位向设计单位转达,在这个过程中若出现拖延、表述不清、施工单位调整等问题都会对构件的生产造成严重的影响或降低构件的使用性能。若在预制构件的加工、运输、安装的过程中与 BIM 技术相结合,将可极大地避免生产过程中出现的问题,通过 BIM 模型对建筑构建的信息化表达,可以在 BIM 模型上直接生成构件加工图,不仅能够清楚地表达传统图纸的二维关系,而且对于复杂的空间剖面关系也可以清楚地表达,同时还能将离散的二维图纸信息集中到一个模型当中,这样的模型能够更加紧密地实现与预制件生产厂家的协同和对接。在项目过程中主要运用了 BIM 技术中的如下功能:

① 共享信息:设计单位和施工单位可以随时通过 BIM 信息技术把所需要的构件参数和要求发送给生产厂商。

② 可视化:利用 BIM 技术中的可视化优势可在三维信息模型中多角度、多方位地展现构件的详细信息,更清晰直观。

③ 材料工程量统计:构件制造商直接方便地利用 BIM 模型数据信息提取相关构件所需相应材料的工程量,以便于快速计算得到对应的成本预算和造价核算。

4.3.3 施工管理

"协同"(collaboration)一词最早源于古希腊,通俗地讲就是协调合作。协同的定义往往限定于一个特定的环境,协同涉及两个或两个以上的人(或个体)彼此之间交互,为了实现共同的工作目标,从事单一事件或一系列工作的活动。

BIM 协同管理即建设工程项目中参与各方构成一个复杂的社会网络,由于彼此之间的相互协作与竞争,在共同实现项目交付以及各自战略目标的基础上,充分利用 BIM 管理手段,建立合适的网络组织动态合作关系,在激励机制的保障下,依托信息技术协同实现信息共享,实现利益与风险合理分配所形成的工程项目管理系统内在特定规律性机制。BIM 协同应用管理的意义可从组织运行和技术支撑两个层面来理解。

1. 协调管理

(1) 组织运行层面的意义

BIM 作为建设项目信息共享中心,更是团队成员的合作平台。首先,基于 BIM 应用平台,项目成员可以实现信息的及时交流和在线通信,避免合作存在时间上和空间上的隔阂,有利于组织效率的提高和合作气氛的形成。其次,应用 BIM 可以避免设计与施工信息的分离,将分离的信息集合起来,集中存取、统一管理,通过设计考虑施工的可行性来提高设计与施工的协调度和受控度,降低现场操作难度。最后,基于 BIM 协同应用的工程项目交付和运营,在海量的信息支持下使得交付流程和运营工作变得简化、高效;可以克服传统模式下交付过程中的二维图纸抽象、不完善、信息存储分散无关联的缺点,使建筑设施的空间位置、数量大小、使用性能等基本信息得到了很好的集成,避免了交付时项目信息的缺失和离散。

(2) 技术支撑层面的意义

BIM 协同应用支持多项设计与施工整合技术的实现。首先,基于业主需求,

BIM 可实现精益建造的建筑、结构、装饰、机电等设计过程的高度集成,使专业工程师能够在同一平台上同时进行设计工作,消除模型冲突。通过场地分析、方案论证、可视化管控、动态优化来避免重复设计、减少设计变更和大量返工。其次,BIM 的 VDC 技术及匹配软件可实现精益建造的建筑性能、碰撞检测、规范验证、系统协调等可视化分析,在信息完整的设计模型上模拟现场施工。最后,利用 BIM 的直观虚拟动画,可提前安排施工场地布置、具体施工操作演示,实现施工流程与关键工序在设计阶段的优化及改进,减少施工阶段的浪费。总之,BIM 能够按照顾客的需求协同应用于设计与施工的整合,使设计流与施工流得到持续优化,实现价值链的不断增值。

工程项目管理是工程管理的一个重要组成部分,在整个工程项目全生命周期中,由决策阶段的开发管理、实施阶段的项目管理、使用阶段的设施管理组成。因此,我国《建设工程项目管理规范》中对建设工程项目管理的定义是:运用系统的理论和方法,对建设工程项目进行的计划、组织、指挥、协调和控制等专业化活动。而业主方的项目管理服务于业主的利益,其管理目标包括项目的投资目标、进度目标和质量目标,其管理工作涉及项目的决策、实施和使用阶段的全生命周期。

2. 进度管理

项目进度管理,是指采用科学的方法确定进度目标,编制进度计划和资源供应计划,进行进度控制,在与质量、费用目标协调的基础上,实现工期目标。项目进度管理的主要目标是要在规定的时间内,制定出合理、经济的进度计划,然后在该计划的执行过程中,检查实际进度是否与计划进度相一致,保证项目按时完成。根据工程项目的进度目标,编制经济合理的进度计划,并据以检查工程项目进度计划的执行情况,若发现实际执行情况与计划进度不一致,就及时分析原因,并采取必要的措施对原工程进度计划进行调整或修正。工程项目进度管理的目的是实现最优工期,多快好省地完成任务。

项目进度管理是项目管理的一个重要方面,与项目投资管理、项目质量管理等同为项目管理的重要组成部分,是总包管理中的核心工作,是保证项目如期完成或合理安排资源供应、节约工程成本的重要措施之一。

在建设项目进度管理中,必须保证按计划进行施工,但实际上由于管理和技术等方面的问题使建设不能正常进行。建筑变化始终存在,计划将永远赶不上这些变化。传统的方式是使用平面设计的方式,但随着时代的发展,这已不能满足建筑业的需求。在 BIM 中使用三维设计可以更加直观地把控进度,对整体进度情况的反映也较好,便于总包单位对项目总体进度的把握。在大量进度任务并行和交叉工作时,施工进度模拟的三维可视化及信息协同作用尤其显著,可辅助项目进行进度的分析与优化,在意外情况下及时解决问题,不影响施工工期并能减轻工作量,实现对项目进展的最大控制。

(1) 进度计划编制

总包单位在进行进度计划编制过程中,通过前期创建施工项目的进度工期模板,统一进度计划子项与模型命名规则。将项目每个施工构件作为单独的模块,合理地设置施工构件体量与施工工期之间的计算公式,在编制进度计划过程中,只需要输入项目相关参数以及采用的主要施工工艺,总包单位即可快速生成项目的进度计划。完成进度计划的初步编制后,可利用 BIM 模型与进度计划的进度及项目进度计划的模拟,对编制的项目进度计划进行模拟验证,对项目工作面的分配、交叉以及工序搭接之间的合理性进行分析,利用进度模拟的成果对项目进度计划进行优化更新,得出项目的最终进度计划。

(2) 进度计划控制

总包单位对进度计划的控制主要包括对进度计划执行情况的跟踪、进度计划数据的分析,以及进度的协调变更。

对进度计划的跟踪需要在进度计划软件中输入进度信息与成本信息,数据录入后同步至施工进度模拟中,对进度计划的完成情况形成动画展示。结合收集的进度实施数据将实际的进度信息与进度计划进行对比分析,检查实际进度是否存在偏差,分析偏差发生的原因。在明确进度出现偏差的原因后,总包单位组织各参与方进行协调,结合各方的意见对进度计划进行变更处理,并将相关的变更信息同步到项目管理平台上,作为后期工期追踪的一个重要数据,具体流程见图 4.47。

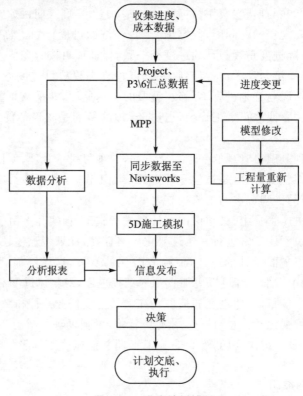

图 4.47 进度计划控制

在进度跟踪时,将进度、成本信息输入 MS Project、P3\6 软件中进行数据分析,并将进度计划软件与 Navisworks 同步,利用 Navisworks 进行进度情况展示。在信息发布时,利用 MS Project、P3\6 发布数据分析报表,Navisworks 发布 4D 模拟动画。

深圳市急救血液信息三中心公共卫生服务综合楼项目桩基施工 BIM 应用进度管理经验分享

深圳市建筑工务署

一、项目概况

深圳市急救血液信息三中心公共卫生服务综合楼项目位于深圳市福田区侨香路与安托山一路交界处。项目为一栋公共卫生服务综合楼,主体建筑地上为 14 层,地下为 3 层,建筑主体高度为 68.0 m,基坑深度为 10~17.15 m,主要建设内容包括急救中心、血液中心、医学信息中心、公共用房、架空层等。

项目场地原始地貌为残丘坡地,局部存在冲沟,后经人工堆填平整,原始地形已改变。整体地质持力层分布以西北角最高,西南角最低,目前场地中心部位较为平整。根据钻探结果,场地内分布的地层自上而下有:人工填土层、第四系全新统冲洪积层、第四系全新统坡洪积层、第四系上更新统冲洪积层、第四系残积层、场地下伏基岩(为早白垩世坪田凸组花岗岩),地质复杂性超出预期。

二、基于地质 BIM 模型的进度管理

本项目地质延面起伏大,地质环境复杂,难以保障项目桩基施工进度,通过桩基模型与地质模型的模拟分析,重点对岩层起伏较大部位、提前入岩部位、强中微风化岩层等部位,在施工前开展桩长优化、可视化交底,在施工过程中对桩基施工进行进度跟踪,加强桩基进度管控,具体如下:

(一)桩长优化:通过开展桩基施工模型与地质模型的模拟分析,在保障工程桩入持力层不小于 2 m 的设计要求前提下,优化桩基长度,获取工程桩的打桩深度数据,调整成孔方式、施工机械选用方案,优化施工组织。

(二)可视化交底:通过桩基模型三维可视化的方式,组织相关参建单位对打桩的施工方法及流程进行交底,提高决策效率。

(三)进度跟踪:组织桩基施工单位及时将现场桩施工进度信息反馈到桩基进度模型,基于进度模型加强对施工进度管控。

结　语

该项目在桩基施工阶段通过工程地质模型及桩基模型模拟应用、桩基三维可视化交底、模型进度跟踪等应用加强对项目桩基施工的精细化管控,有力保障项目的工期。

3. 造价管理

工程造价计价依据的管理和工程造价专业队伍建设的管理是为建设工程投资费用管理和工程价格管理服务的。造价管理作为建设工程的投资费用管理,属于工程建设投资管理范畴。工程建设投资费用管理,是指为了实现投资的预期目标,在撰写规划、设计方案的条件下,预测、计算、确定和监控工程造价及其变动的系列活动。

工程价格管理,属于价格管理范畴。在微观层次上,是生产企业在掌握市场价格信息的基础上,为实现管理目标而进行的成本控制、计价、定价和竞价的系统活动。在宏观层次上,是政府根据社会经济的要求,利用法律手段、经济手段和行政手段对价格进行管理和调控,以及通过市场管理规范市场主体价格行为的系统活动。

工程造价管理是运用科学、技术原理和方法,在统一目标、各负其责的原则下,为确保建设工程的经济效益和有关各方面的经济权益,而对建筑工程造价管理及建安工程价格所进行的全过程、全方位的符合政策和客观规律的全部业务行为和组织活动。建筑工程造价管理是一个项目投资的重要环节,具体操作流程见图 4.48。

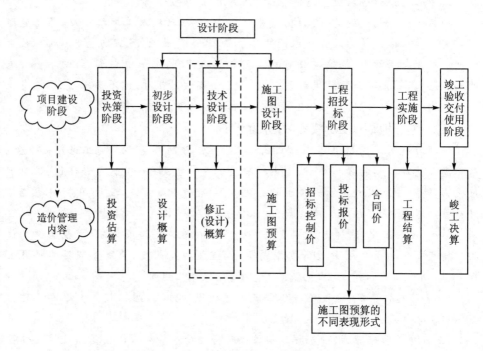

图 4.48 造价管理流程图

我国是一个资源相对缺乏的发展中国家,为了保持适当的发展速度,需要投入更多的建设资金,而筹措资金很不容易也很有限。因此,从这一基本国情出发,如何有效地利用投入建设工程的人力、物力、财力,以尽量少的劳动和物质消耗,取得较高的经济和社会效益,保持我国国民经济持续、稳定、协调发展,就成为十分重要的问题。

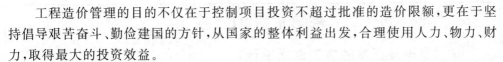

工程造价管理的目的不仅在于控制项目投资不超过批准的造价限额,更在于坚持倡导艰苦奋斗、勤俭建国的方针,从国家的整体利益出发,合理使用人力、物力、财力,取得最大的投资效益。

在传统的总承包管理中,是通过造价软件作为整个造价管理的平台,在造价软件中进行相关的造价活动,但是整个的管理过程无法与项目实施实时链接,因此整个进度的管理中时效性较差。基于 BIM 的过程造价管理,将造价信息与模型结合,实现模型变化与工程量变化同步,充分利用建筑模型进行造价管理。

造价管理的核心工作就是工程量管理,基于 BIM 的三维算量,就是利用深化设计后的三维模型,直接得到工程量。项目实施过程中,可根据需要统计全部的工程量,或者选择某一部分直接导出工程量,也可按专业来导出工程量,满足项目实际需求。根据项目施工进度要求及构件划分,让 BIM 模型符合工程量计算的要求,通过 BIM 软件的构件分类及统计功能,快速准确地计算出各类构件的数量,对比不同方案间的工程量,为管理部门的决策提供数据支持。

4. 质量管理

质量管理是指确定质量方针、目标和职责,并通过质量体系中的质量策划、控制、保证和改进来使其实现的全部活动,EMBA、MBA 等主流工商管理教育均对质量管理及其实施方法有所介绍。

对质量管理的基本定义是:质量就是适用性的管理、市场化的管理。

费根堡姆的定义:质量管理是"为了能够在最经济的水平上并考虑到充分满足顾客要求的条件下进行市场研究、设计、制造和售后服务,把企业内各部门的研制质量、维持质量和提高质量的活动构成为一体的一种有效的体系"。

国际标准和国家标准的定义:质量管理是"在质量方面指挥和控制组织的协调的活动"。

在建筑工程质量管理中,工作人员可以通过应用 BIM 技术加强对建筑材料的控制。通过 BIM 技术和互联网技术,工作人员可以建立一个信息模块用于存储建筑材料及相关机械设备,并有效处理信息数据。这样,工作人员就可以根据实际施工时的信息模块准备和检查材料和设备,确保建筑材料和相关设备能够达到施工要求,从而为施工质量提供物质基础,并有效降低不施工建筑材料和设备对施工质量的影响。同时,工作人员还可以将 BIM 技术应用到施工技术质量管理中,并通过对施工技术流程的精确模拟,为实际施工制定相关的规范和标准。这样,在实际施工中,工作人员只需严格按照既定标准和规范进行施工即可。将 BIM 技术应用在建筑施工质量管理中,通过对 BIM 技术的充分运用,能够对确保建筑施工质量起到积极的作用。

贵阳东站 BIM 应用

一、机电及土建的施工深化设计

BIM 模型生成的过程,也是发现设计图纸问题的过程。该项目各专业模型完成后,全部导入 Navisworks 软件进行碰撞检查,发现土建与安装之间、安装各专业之间的全部碰撞点,并根据其影响的大小加以分类。

二、施工方案模拟及优化

该项目通过 BIM 模型实现了复杂建筑的图纸定位,有效指导现场施工人员科学、正确地操作,避免错误施工,有效提高施工质量和效率,降低施工难度和风险。通过该项目的实施,建立了安装 BIM 管线综合流程图,如图 4.49 所示。

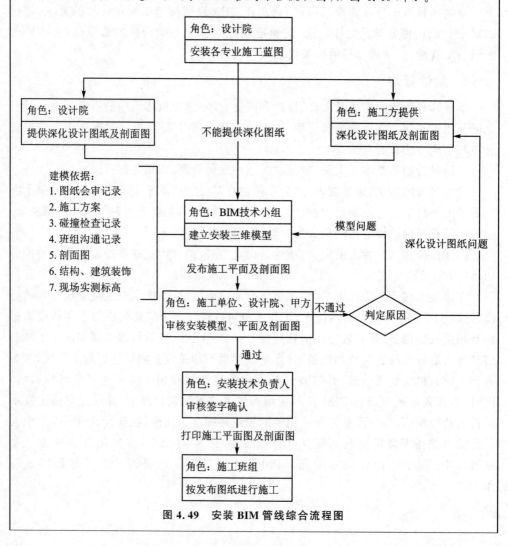

图 4.49 安装 BIM 管线综合流程图

三、虚拟施工及动画模拟

该项目通过 Navisworks 软件的施工模拟功能实现了对项目进度的控制,工程进度安排与模型关联,随时监控项目施工是否按原进度计划进行,并可动态调整进度计划。

四、质量和安全控制

该项目尝试使用了 Autodesk BIM 360 云平台进行现场安全、质量的管控,可以用手机对现场发现的安全、质量问题拍照、上传,照片上传至对应模型所属的文件夹内的对应位置并告知相关管理人员,相关管理人员可通过查看模型,及时了解照片反映出的安全、质量问题并提出对策,将整改情况和整改后的实物图形上传,有效实现了质量问题的闭环管理,同时对原材料报检和隐蔽工程验收实行了全面程序化管理,现场所有事件均纳入计算机程序管理。

五、设施运营管理

该项目创建的 BIM 模型内每一个构件、设备都有其基本信息,整个建筑全部构件及设备信息都能实现快速查询和统计,为项目建成后的运营管理工作创造优化条件。

六、工程过程数据及文档管理

该项目的工程资料实现了与模型的关联,主动为运维阶段做好基础准备,例如工程结构中墙、柱、梁等构件的质检报告、验收单、施工方案文档等都可与构件关联,设备、管线等资料信息、生产合格证、厂家信息、验收报告等都可通过模型直接进行查询。

七、移动互联终端

该项目实施移动互联终端的应用极大地方便了工程现场的施工指导,轻量化的模型集成了工程图纸、规范、文档、报告等资料,导入移动客户端后,能够方便地带到施工现场,在平板电脑中方便地浏览模型及其关联的信息资料,如图 4.50 所示,以便更好地理解设计和指导施工。这对于施工现场的质量管理、安全管理、检查工作等业务有着十分重大的意义。

BIM 效果评价

该项目应用基于 BIM 技术的施工质量管理方法,表现出的优势与效果体现在以下几个方面:

- 基于 BIM 技术进行施工质量管理,其 BIM 模型包含了设计阶段和施工阶段的全部信息,由于 BIM 技术的关联性,使施工人员处理工程项目信息的时间与工作量大大减少,效率得到大幅提高;
- 基于 BIM 模型,进行了全专业碰撞检查与管线综合调整,从而提前避免了因管线"打架"而造成的返工与浪费,同时也可以提前发现设计方面存在的问题;

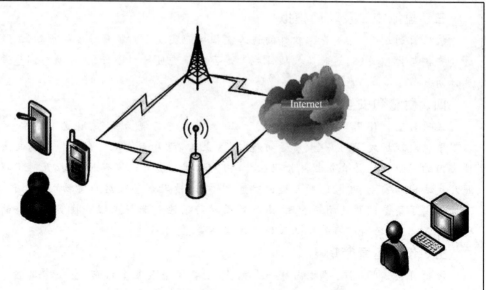

图 4.50　移动端应用流程和移动端照片上传及管理

- 基于 BIM 技术的可视化交底,使施工人员可以直观地看到施工过程中所需要注意的重点、难点、要点,不必再花费大量的时间读图,也避免了人员返工和材料浪费;
- 基于 BIM 技术的信息收集与处理,可以快速汇总、归纳、解析引起工程质量问题的原因,从而有针对性地采取相关措施以优化工程质量和效率。在工程竣工阶段总结归纳,优化信息质量,进一步分析整理,使 BIM 技术在施工质量管理的过程中越来越普遍,提高建筑工程质量管理的信息化程度。

BIM 作为一种系统管理应用技术,有利于各阶段存储信息,确保信息的无损传递,以及更新信息,有利于工程各参与方更高效地进行决策,推进信息管理并贯穿至铁路工程各环节。BIM 技术应用于贵阳东站的建设中,为我们积累了铁路站房施工质量管理领域的 BIM 应用经验。由于贵阳东站项目工程时间紧、任务重,在应用 BIM 的过程中还存在很多不足,不过随着 BIM 的进一步发展,更多的建设难题会逐步得到解决。

5. 安全管理

施工项目安全管理,就是施工项目在施工过程中,组织安全生产的全部管理活动。通过对生产因素具体的状态控制,使生产因素不安全的行为和状态减少或消除,不引发为事故,尤其是不引发使人受到伤害的事故,使施工项目效益目标的实现得到充分保证。施工项目要实现以经济效益为中心的工期、成本、质量、安全等。

在建筑工程安全管理工作中,应用 BIM 技术后,许多专业工作岗位得到了很大的改善,为提高施工安全本身提供了有力保障。但是,如果在安全措施方面缺乏明确的内容,或者在制定过程中出现问题,那么很可能会演变成恶性安全事件。因此需要全面制定建筑施工安全措施:首先,运用 BIM 技术对过去的安全隐患和安全事故进行分析,并比较项目特点和安全要求,以提高安全措施;其次,在安全措施实施过程中,有必要观察施工进度,有效地检查安全措施是否能发挥实效,特别注意对基层工作人员的采访,从而优化安全措施;最后,BIM 技术制定的安全措施需要在施工安全管理中实施,因此要确保每个部门都有明确的安全工作基础,从而减少内在矛盾。

BIM 配合 VR 技术,如图 4.51 所示,也可以很好地进行安全管控,且已经逐渐成为 BIM 在施工管理过程中的主流应用之一。利用 VR 技术可以将工地施工现场按照 1:1 的比例进行模拟,并利用 VR 硬件设备完成动态漫游及交互;可以把整个建筑安全作业、工程形象逼真地展示在受训人员眼前,体验者可以在虚拟的建筑工程中随意、自由地"进出""攀爬",可以逼真地感受日夜交替下的工程风景,也可以清晰明了地查看工程结构的每一个部件,切实感受工程施工中的危险,比如:高处坠落、物体打击、消防火灾、体验电击、洞口坠落、脚手架倾倒及隧道逃生等多种突发状况,从而进一步提升参训人员的心理承受能力和应急处置能力。

图 4.51　VR 安全教育体验

在建筑施工过程中应用 VR 技术的优势包括:

① 利用 VR 技术进行虚拟体验可以展现很多难以搭建或者危险性很大的场景;同时也会让场景更加完整,体验感更强,从而提升培训效果。

② 利用 VR 可以对实际项目场景进行模拟,让工作人员在虚拟场景中进行安全体验。对细部节点、优秀做法进行学习,获取相关数据信息,同时还可进一步优化方案,提升教育效果。

③ 利用 VR 进行安全培训可以激发参训人员的好奇心,从而提升参加安全培训的兴趣。

④ 虚拟场景不会受场地限制,可最大限度地模拟真实场景下的安全事故,并能避免材料和人工的浪费,符合绿色施工的理念。

可以扫描二维码观看品茗 VR 漫游安全动画。

二维码 4.3　品茗 VR 漫游/安全动画

4.4　运维阶段

一般来说,常规建筑的项目寿命可以达到 70 年,而建造时长往往只有 1～2 年,剩下的时间更多的是对建筑的使用。建筑运维就是在建筑使用阶段所需要持续进行的工作内容。

4.4.1　运维与设施管理的定义

近年来在国内建筑运维管理又被称为设施管理 FM(Facility Management)。根据国际设施管理协会 IFMA(International Faclity Management Association)对其的最新定义,FM 是运用多学科专业,集成人、场地、流程和技术来确保楼宇良好运行的活动。人们通常理解的建筑运维管理,就是物业管理。但是现代的建筑运维管理(FM)与物业管理有着本质的区别,其中最重要的区别在于面向的对象不同。物业管理面向建筑设施,而现代建筑运维管理面向的则是企业的管理有机体。

FM 最早兴起于 20 世纪 80 年代初,是项目生命周期中时间跨度最大的一个阶段。在建筑物平均长达 50～70 年的运营周期内,可能发生建筑物本身的改扩建、正常或应急维护,以及人员安排、室内环境和能耗控制等多个功能。因此,FM 也是建

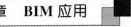

筑生命周期内职能交叉最多的一个阶段。

在我国,FM 行业的兴起较晚。伴随着 20 世纪 90 年代大量的外资企事业组织进入我国,FM 需求的产生和迅速增加最早催生了我国的 FM 行业。到目前,我国本土的许多组织在认识到专业化高水平的 FM 服务所能带来的收益后,也越来越多地建立了系统的 FM 管理制度。

4.4.2　运维与设施管理的内容

运维与设施管理的内容主要可分为空间管理、资产管理、维护管理、公共安全管理和能耗管理等方面。

1. 空间管理

空间管理主要是满足组织在空间方面的各种分析及管理需求,更好地响应组织内各部门对于空间分配的请求及高效处理日常相关事务,计算空间相关成本,执行成本分摊等内部核算,增强企业各部门控制非经营性成本的意识,提高企业收益。空间管理主要包括空间分配、空间规划、租赁管理和统计分析。

BIM 技术可为 FM 人员提供详细的空间信息,包括实际空间占用情况、建筑对标等。同时,BIM 能够通过可视化的功能帮助跟踪部门位置,将建筑信息与具体的空间相关信息勾连,在网页上打开并进行监控,从而提高了空间利用率。根据建筑使用者的实际需求,提供基于运维空间模型的工作空间可视化规划管理功能,并提供工作空间变化可能带来的建筑设备、设施功率负荷方面的数据作为决策依据,以及在运维单位备案中快速更新三维空间模型。

(1) 租赁管理

应用 BIM 技术对空间进行可视化管理,分析空间使用状态、收益、成本及租赁情况,判断影响不动产财务状况的周期性变化及发展趋势,帮助提高空间的投资回报率,并能够抓住出现的机会及规避潜在的风险。

通过查询定位可以轻易查询到商户空间,并且查询到租户或商户信息,如客户名称、建筑面积、租约区间、租金、物业费用;系统可以提供收租提醒等客户定制化功能;同时,还可以根据租户信息的变更,对数据进行实时调整和更新,形成一个快速共享的平台。

另外,BIM 运维平台不仅提供了对租户的空间信息管理,还提供了对租户能源使用及费用情况的管理。这种功能同样适用于商业信息管理,与移动终端相结合,商户的活动情况、促销信息、位置、评价可以直接推送给终端客户,在提高租户使用程度的同时也为其创造了更高的价值。

(2) 垂直交通管理

3D 电梯模型能够正确反映所对应的实际电梯空间位置及相关属性等信息。电梯的空间相对位置信息包括门口电梯、中心区域电梯、电梯所能到达楼层信息等;电梯的相关属性信息包括直梯、扶梯、电梯型号、大小、承载量等。3D 电梯模型中采用直梯实体形状图形表示直梯,并采用扶梯实体形状图形表示扶梯。BIM 运维平台对电梯的实际使用情况进行渲染,物业管理人员可以清楚直观地看到电梯的能耗及使用状况,通过对人行动线、人流量的分析,帮助管理者更好地对电梯系统的管理策略进行调整。

(3) 车库管理

目前的车库管理系统基本都是以计数系统为主,只显示空车位的数量,对空车位的位置却没法显示。在停车过程中,车主随机寻到车位、缺乏明确的路线,容易造成车道堵塞和资源(时间、能源)浪费。应用无线射频技术将定位标识标记在车位卡上,车子停好之后该系统会自动知道某车位已被占用,并通过车库入口处的屏幕显示出所有已经占用的车位和空着的车位。通过车位卡还可以在车库监控大屏幕上查询车的位置,这对于方向感较差的车主来说,具有非常贴心的导航功能。

(4) 办公管理

基于 BIM 可视化的空间管理体系,可对办公部门、人员和空间实现系统性、信息化管理。工作空间内的工作部门、人员、部门所属资产、人员联系方式等都与 BIM 模型中相关的工位、资产相关联,便于管理和信息的及时获取。

2. 资产管理

资产管理是运用信息化技术增强资产监管力度,降低资产的闲置浪费,减少和避免资产流失,使业主资产管理上更加全面规范,从整体上提高业主资产管理水平。资产管理主要包括日常管理、资产盘点、折旧管理、报表管理,其中日常管理又包括卡片管理、转移使用和停用退出。

BIM 技术与互联网的结合将开创现代化管理的新纪元。基于 BIM 的互联网管理实现了在三维可视化条件下掌握和了解建筑物及建筑中相关人员、设备、结构、资产、关键部位等信息,尤其对于可视化的资产管理可以实现减少成本,提高管理精度,避免损失和资产流失等重大价值意义。

(1) 可视化资产信息管理

传统资产信息整理录入主要是由档案室的资料管理人员或录入人员采取纸媒质的方式进行管理,这样既不容易保存更不容易查阅,一旦人员调整或周期较长会出现遗失或记录不可查询等问题,造成工作效率降低和成本提高。

由于上述原因,公司、企业或个人对固定资产信息的管理已经逐渐脱离传统的纸质方式,不再需要传统的档案室和资料管理人员。信息技术的发展使基于 BIM 的互联网资产管理系统可以通过在 RFID 的资产标签芯片中注入依据用户需要的详细参数信息和定期提醒设置,同时结合三维虚拟实体的 BIM 技术使资产在智慧建筑物中的定位和相关参数信息一目了然,并可以精确定位、快速查阅。

新技术的产生使二维的、抽象的、纸媒质的传统资产信息管理方式变得鲜活生动。资产的管理范围也从以前的重点资产延伸到资产的各个方面。例如,对于机电安装的设备、设施,资产标签中的报警芯片会提醒设备需要定期维修的时间以及设备维修厂家等相关信息,同时可以报警设备的使用寿命,以便及时地更换,避免发生伤害事故和一些不必要的麻烦。

(2) 可视化资产监控、查询、定位管理

资产管理的重要性就在于可以实时监控、实时查询和实时定位,然而现在的传统做法很难实现。尤其对于高层建筑的分层处理,资产很难从空间上进行定位。BIM技术和互联网技术的结合完美地解决了这一问题。

现代建筑通过 BIM 系统把整个物业的房间和空间都进行划分,并对每个划分区域的资产进行标记。我们的系统通过使用移动终端收集资产的定位信息,并随时和监控中心进行通信联系。

① 监视:基于 BIM 的信息系统完全可以取代和完善视频监视录像,该系统可以追踪资产的整个移动过程和相关使用情况。配合工作人员身份标签定位系统,可以了解到资产经手的相关人员,并且系统会自动记录,方便查阅。一旦发现资产位置在正常区域之外、由无身份标签的工作人员移动等非正常情况,监控中心的系统就会自动报警,并且将建筑信息模型的位置自动切换到出现警报的资产位置。

② 查询:该资产的所有信息包括名称、价值和使用时间都可以随时查询,随时定位被监视资产的位置和相关状态情况。

3. 维护管理

建立设施设备基本信息库与台账,定义设施设备保养周期等属性信息,建立设施设备维护计划;对设施设备运行状态进行巡检管理并生成运行记录、故障记录等信息,根据生成的保养计划自动提示到期需保养的设施设备;对出现故障的设备从维修申请,到派工、维修、完工验收等实现过程化管理。维护管理主要包括维护计划、巡检管理和保修管理。

维护管理主要是指设备的维护管理。通过将 BIM 技术运用到设备管理系统中,使系统包含设备的所有基本信息,也可以实现三维动态地观察设备实时状态,从而使设备管理人员了解设备的使用状况;也可以根据设备的状态提前预测设备将要发生的故障,从而在设备发生故障前就对设备进行维护,降低维护费用。将 BIM 运用到设备管理中,可以查询设备信息、设备运行和控制情况,自助进行设备报修,也可以进行设备的计划性维护等。

(1) 设备信息查询

基于 BIM 技术的管理系统集成了对设备的搜索、查阅、定位功能。通过点击BIM 模型中的设备,可以查阅所有设备信息,如供应商、使用期限、联系电话、维护情况、所在位置等;该管理系统可以对设备生命周期进行管理,比如对寿命即将到期的设备及时预警和更换配件,防止事故发生;通过在管理界面中搜索设备名称,或者描述字段,可以查询所有相应设备在虚拟建筑中的准确定位;管理人员或领导可以随时利用四维 BIM 模型,进行建筑设备实时浏览,如图 4.52 所示。

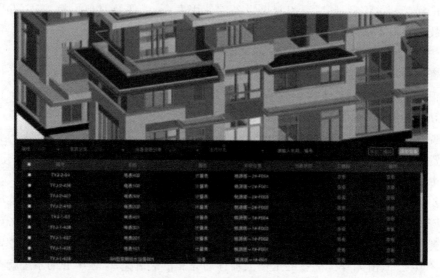

图 4.52　设备信息查询平台

(2) 设备运行和控制

所有设备是否正常运行在 BIM 模型上可以直观显示,例如绿色表示正常运行,红色表示出现故障。对于每个设备,可以查询其历史运行数据。另外,可以对设备进行控制,例如某一区域照明系统的打开、关闭等。

(3) 设备报修流程

在建筑的设施管理中,设备的维修是最基本的,所有的报修流程都可以在线申请和完成,用户填写设备报修单,经过工程经理审批,然后进行维修;修理结束后,维修人员及时将信息反馈到 BIM 模型中,随后会有相关人员进行检查,确保维修已完成,待相关人员确认该维修信息后,将该信息录入。

(4) 计划性维护

计划性维护的功能是让用户依据年、月、周等不同时间节点来确定,当设备的维护计划达到该计划中所确定的时间节点时,系统会自动提醒用户启动设备维护流程,对设备进行维护。

设备维护计划的任务分配是按照逐级细化的策略来确定的。一般情况下,年度设备维护计划只分配到系统层级,确定一年中哪个月对哪个系统(如中央空调系统)进行维护;而月度设备维护计划,则分配到楼层或区域层级,确定这个月中的哪一周对哪一个楼层或区域的设备进行维护;而最详细的周维护计划,不仅要确定具体维护哪一个设备,还要明确具体在哪一天由谁来维护。

通过这种逐级细化的设备维护计划分配模式,建筑的运维管理团队无须一次性制定全年的设备维护计划,只需有一个全年的系统维护计划框架,在每月或是每周,管理人员可以根据实际情况再确定由谁在什么时间具体维护的某个设备。图 4.53 所示为某供水泵房结合 BIM 应用进行的平台管理。这种弹性的分配方式,其优越性是显而易见的,可以有效避免在实际的设备维护工作中,由于现场情况的不断变化,或是因为某些意外情况,而造成整个设备维护计划无法顺利进行。

图 4.53　供水泵房 BIM 的数字化应用

4. 公共安全管理

公共安全管理可以应对火灾、非法侵入、自然灾害、重大安全事故和公共卫生事故等危害人们生命财产安全的各种突发事件,建立起应急及长效的技术防范保障体系,包括火灾自动报警系统、安全技术防范系统和应急联动系统。公共安全管理主要包括火灾报警、安全防范和应急联动。

在消防事件管理中,基于 BIM 技术的管理系统可以通过喷淋感应器感应信息,如果发生着火事故,在商业广场的信息模型界面中,就会自动进行火警报警,对着火的三维位置和房间立即进行定位显示,并且控制中心可以及时查询相应的周围情况和设备情况,为及时疏散和处理提供信息。

按目前规范,普通电梯及消防电梯不能作为消防疏散使用(其中消防梯仅可供消防队员使用)。有了 BIM 模型并且 BIM 具有上述的动态功能,就有可能使电梯在消防应急救援,尤其是在超高层建筑消防救援中发挥重要作用。

当火灾发生时,指挥人员可在大屏幕前通过对讲系统或楼(全区)广播系统、消防专用电话系统,根据大屏幕显示的起火点(此显示需是现场视频动画后的图示)、蔓延区及电梯的各种运行数据指挥消防救援专业人员(每部电梯由消防人员操作),帮助群众乘电梯疏散至首层或避难层。哪些电梯可用,哪些电梯不可用,在 BIM 图上可充分显示,帮助决策。这一方案正与消防部门共同研究其可行性。

在大型的办公室区域可为每个办公人员的个人电脑安装不同地址的 3D 疏散图,标示出模拟的火源点,以及最短距离的通道,步梯疏散的路线,平时对办公人员进行常规的训练和预习,如图 4.54 所示。

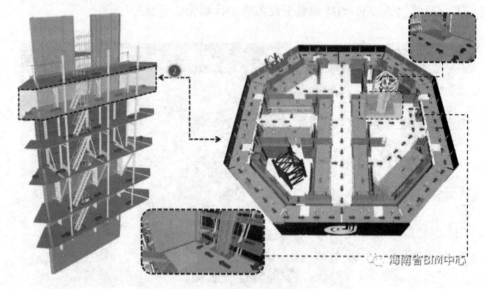

图 4.54　某项目 3D 疏散图

对于大多数不具备乘梯疏散的情况,BIM 模型同样发挥着很大作用。凭借上述各种传感器(包括卷帘门)及可靠的通信系统,引导人员可指挥人们从正确的方向由步梯疏散,使火灾抢险发生革命性的变革。

在建筑设计阶段会有一些隐蔽的管线信息是施工单位不关注的,或者说这些资料信息可能在某个角落里,只有少数人知道。特别是随着建筑物使用年限的增加,人员更换频繁,这些安全隐患日益突出,有时直接酿成悲剧。例如,2010 年南京市某废旧塑料厂在进行拆迁时,因对隐蔽管线信息了解不全,施工人员不小心挖断了地下埋藏的管道,引发了剧烈的爆炸,此次事故引起了社会的强烈关注。

基于 BIM 技术的运维可以管理复杂的地下管网,如污水管、排水管、网线、电线以及相关并管,并且可以在图上直接获得相对位置关系,当改建或二次装修时可以避开现有管网位置,便于管网维修、更换设备和定位。内部相关人员可以共享这些电子信息,有变化可随时调整,保证信息的完整性和准确性。同样的情况也适用于室内隐蔽工程的管理。这些信息全部通过电子化保存下来,内部相关人员可以共享,有变化可以随时调整,从而大大降低安全隐患。

5. 能耗管理

能耗管理是指对能源消费过程的计划、组织、控制和监督等一系列工作。能耗管理主要由数据采集、处理和报警管理等功能组成。

　　基于 BIM 的运营能耗管理可以大大减少能耗。BIM 可以全面了解建筑能耗水平,积累建筑物内所有设备用能的相关数据,将能耗按照树状能耗模型进行分解,从时间、分项等不同维度剖析建筑能耗及费用,还可以对不同分项对比分析,并进行能耗分析和建筑运行的节能优化,从而促使建筑在平稳运行时达到能耗最小。BIM 还通过与互联网云计算等相关技术相结合,将传感器与控制器连接起来,对建筑物能耗进行诊断和分析,当形成数据统计报告后可自动管控室内空调系统、照明系统、消防系统等所有用能系统,它所提供的实时能耗查询、能耗排名、能耗结构分析和远程控制服务,使业主对建筑物达到最智能化的节能管理,摆脱传统运营管理下由建筑能耗大引起的成本增加。

深圳地铁率先探索工程建设数字化，BIM 为工程安全管理保驾护航

　　近日,深圳地铁工程数字化管理中心上线试运行,标志着深圳城市轨道交通建设全方位进入数字化转型时期,如图 4.55 所示。

图 4.55　深圳地铁

　　深铁建设围绕"科技地铁"启动了数字化建设探索工作。历时 10 个月,成功打造了全国首个线网级工程数字化管理中心。作为深圳地铁"智慧建设"战略的重要延展平台,深圳地铁工程数字化管理中心基于"轨道建设一张图",实现对深圳地铁 700 多个工地的集约化管控,对安全、质量、进度、投资、文明施工等关键指标进行分析管理。

通过线网级工地视频监控平台的建立,可一键了解各在建线路、各个车站的建设情况。突破了传统现场巡查效率低、覆盖率低等约束,工程数字化管理中心实现了"一键可视全局""一秒穿越百里"的最高监管标准。

此外,工程数字化管理中心在 AI 算法应用方面积极探索,实现全面"信息化管理",提高工作效率,即通过 AI 自动识别工程现场违规违章行为,在大幅降低管理成本的同时强化管理效能。独创盾构施工安全值守、深基坑管控新模式,通过BIM、倾斜摄影、数字沙盘技术,为工程安全管理保驾护航。引入互联网前端感知技术同步监管"人员、机械、文明施工",及时预警和处置现场扬尘和噪声超标,以"技防"代替"人防"。

深圳地铁工程数字化管理中心充分应用先进的物联网、大数据、云计算、AI 智能等技术,将信息化、数字化技术与传统工程建设有机结合,成为全国轨道交通建设首创线网级工程数字化管理中心。这是深圳地铁传统建设向智慧建造升级的有益尝试,也是企业数字化转型中新技术与传统工程行业结合的成功案例。

后续,深圳地铁将进一步引用信息化、数字化技术推动轨道交通建设技术进步与管理模式变革,为项目管理赋能,为企业发展、行业进步引入新的动力。

BIM 模型在施工过程中的应用可全面提升工程造价行业效率与信息化管理水平,优化管理流程,高效率、高精准度地完成工程量计算工作,有利于加强全过程成本控制,做好设计变更应对,方便历史数据积累和共享,对于项目造价管理工作而言有诸多优越性。

第5章

项目 BIM 应用管理

在项目中成功应用 BIM 技术，为项目带来实际效益，才是推行 BIM 正常开展的最根本目的。为确保 BIM 能够在项目中顺利推行，项目团队必须事先明确 BIM 的使用意图并为其详细和全面地策划。像其他新技术一样，如果应用经验不足，或者应用策略和计划不完善，项目应用 BIM 技术可能带来一些额外的实施风险。实际工程项目中，确实存在因没有规划好 BIM 应用而导致增加建模投入，由于缺失信息而导致工程延误，BIM 应用效益不显著等问题。所以，成功应用 BIM 技术的前提条件是事先要详细、全面地策划，并且要与具体业务紧密结合。

策划一个详细和全面的 BIM 应用（以下简称"BIM 策划"），可使项目参与者清楚地认识到各自的责任和义务。一旦计划制订，项目团队就能据此顺利地将 BIM 整合到施工相关的工作流程中，并正确实施和监控，为工程施工带来效益，如从 BIM 模型中自动提取工程量，提高成本预算效率；通过模型完成多专业协调，减少碰撞和工程返工等。在项目投入使用后，有价值的 BIM 模型还可以用于物业维护，在建筑物全生命周期范围内提升成本可控性和项目价值。

5.1 BIM 策划流程及目标

项目策划需要遵循以下几个原则，以保证施工团队可以按需实现相关 BIM价值：

① 所有的分包团队成员都能清晰地理解 BIM 应用的战略目标；

② 相关专业能够理解各自的角色和责任；

③ 能够根据各分包团队的业务经验和组织流程，制订切实可行的计划；

④ 通过计划，描述保证 BIM 成功应用所需的额外资源、培训等其他条件；

⑤ BIM 策划为未来加入团队的成员提供一个描述应用过程的标准；

⑥ 营销部门可以据此制定合同条款，体现工程项目的增值服务和竞争优势；

⑦ 在工程施工期内,BIM 策划为度量施工进展提供一个基准。

基于工程项目的差异化表现,并没有一个适合于所有项目的最优计划或方法。因此,每个施工团队都需要根据项目的具体需求进行 BIM 策划。在项目全生命周期的各个阶段都可以应用 BIM,但其不同阶段的深度和范围需要有所限制和侧重,特别是在当前 BIM 技术还未完成闭环,施工团队自身技能水平及软硬件配置尚未完善的情况下,这些对 BIM 应用的影响因素都应该在策划中体现出来(李云贵,2017 年)。

项目 BIM 策划可参考图 5.1 中的过程。

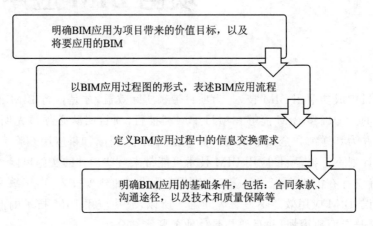

明确BIM应用为项目带来的价值目标,以及将要应用的BIM

以BIM应用过程图的形式,表述BIM应用流程

定义BIM应用过程中的信息交换需求

明确BIM应用的基础条件,包括:合同条款、沟通途径,以及技术和质量保障等

图 5.1　BIM 策划流程

项目 BIM 策划和执行不是一个孤立的过程,要与工程施工的整体计划相结合。整个策划的过程是一个协作的、技术性很强的过程。在起步阶段,讨论项目的总体目标时,需要各方的通力协作。而在定义文件结构或详细的信息交换时,可以借助 BIM 专家的参与和指导。

BIM 策划的主要内容包括:

① BIM 策划概述。阐述 BIM 策划的总体情况,以及 BIM 的应用效益目标。

② 项目信息。阐述项目的关键信息,如:项目位置、项目描述、关键的时间节点。

③ 关键人员信息。作为 BIM 策划的参考信息,应包含关键的工程人员信息。

④ 项目目标和 BIM 应用目标。详细阐述应用 BIM 要到达的目标和效益,具体策划步骤和要点可参考图 5.1。

⑤ 各组织角色和人员配备。项目 BIM 策划的主要任务之一就是定义项目各阶段 BIM 策划的协调过程和人员责任。尤其是在 BIM 策划和最初的启动阶段,确定制订计划和执行计划的合适人选,是 BIM 策划成功的关键。

⑥ BIM 应用流程设计。以流程图的形式清晰展示 BIM 的整个应用过程,具体策划步骤和要点可参考 4.2 节。

⑦ BIM 信息交换。以信息交换需求的形式,详细描述支持 BIM 应用信息交换

过程模型信息需要达到的细度。

⑧ 协作规程。详细描述项目团队协作的规程,主要包括:模型管理规程(例如:命名规则、模型结构、坐标系统、建模标准,以及文件结构和操作权限等),以及关键的协作会议日程和议程。

⑨ 模型质量控制规程。详细描述为确保 BIM 应用需要达到的质量要求,以及对项目参与者的监控要求。

⑩ 基础技术条件需求。描述保证 BIM 策划实施所需硬件、软件、网络等基础条件。

⑪ 项目交付需求。描述对最终项目模型交付的需求。项目的运作模式(如:DBB 设计—招标—建造、EPC 设计—采购—施工、DB 设计—建造、EP 设计—采购、PC 采购—施工、BOT 建造—运营—移交、BOOT 建造—施工—运营—移交、TOT 转让—运营—移交等)会影响模型交付的策略,所以需要结合项目运作模式调整模型交付标准。

5.2　BIM 应用目标和流程

5.2.1　BIM 应用目标

BIM 策划的第一步,也是最重要的步骤,就是确定 BIM 应用的总体目标,以此明确 BIM 应用为项目带来的潜在价值。这些目标一般是为提升项目施工效益,例如:缩短施工周期,提升工作效率,提升施工质量,减少工程变更等。BIM 应用目标也可以是为提升项目团队技能,例如:通过示范项目提升施工各分包之间、与设计方之间信息交换的能力。一旦项目团队确定了可评价的目标,从公司和项目的角度,BIM 应用效益就可以评估了。

确定 BIM 应用目标后,要筛选将要应用的 BIM,例如:深化设计建模、4D 进度管理、5D 成本管理、专业协调等。在项目的早期确定将要应用的 BIM,具有一定难度。项目团队要综合考虑项目特点、需求、团队能力、技术应用风险。第 3 章给出了多项典型 BIM 应用供参考。一项 BIM 应用是一个独立的任务或流程,通过将它集成进项目,而为项目带来收益。BIM 应用的范围和深度还在不断扩展,未来会有新的 BIM 出现。工程团队应该选择适合项目实际情况,并对项目工程效益提升有帮助的 BIM。

BIM 应用虽多,但并不是每一个都适用于全部项目,项目团队应正确衡量应用的潜在价值和效益,再考虑是否要投入成本,根据工程项目的差异性,客观选择利益较大的应用,具体应用可参照表 5-1。例如:使用一些 BIM 应用会显著降低项目风险,但因此提高其他方向的风险,如经济风险等。而有些应用,并不适用于当前项目,在提高了经济风险的同时,只是小幅度地减少了项目风险,与投资成本不相匹配,因此当项目团队决定应用某项 BIM 技术时,需要综合考虑多项因素,判断其应用是否能使应用总体目标最大限度地满足要求。

表 5 - 1　BIM 应用筛选示例表

BIM	应用价值	负责单位	对负责单位的价值	需要的条件			需要额外的资源	备　注	是否应用
				资源	能　力	经　验			
建筑建模	中	建筑师	中	中	低	低			是
钢结构建模	高	结构工程师	高	高	中	中	需要购买专门的钢结构建模软件	在施工阶段对业主价值很大	否
机电建模	高	暖通工程师	高	高	高	高			是
		给排水工程师	高	低	高	高	需要培训		
		电气工程师	中	中	高	高			
专业协调	高	建筑师	高	中	中	中	需要购买软件	可由总建筑师负责	是
		结构工程师	高	中	中	低			
		MEP 工程师	中	中	中	低			

BIM 成功应用的关键在于项目团队要准确认识和了解自己建立的模型的主要用途,不同的模型可以完成的应用价值及其所需要花费的时间成本、人力成本、资源成本都是不一样的。若在模型中添加了后期应用不需要的信息,或者是缺少后期应用需要的关键信息,都会导致无法实现 BIM 的真正价值。因此,在前期目标制定以及应用选择上,需要项目团队成员全员参与,决定模型信息的深度和使用方法。

5.2.2　BIM 应用流程

项目团队在确定了 BIM 应用目标并且选定了技术手段后,要设计 BIM 应用流程。从 BIM 应用的总体流程设计开始,定义 BIM 应用的总体流程和信息交换的全过程。BIM 应用总体流程图如图 5.2 所示。

总体流程确定后,各专业分包团队可以设计二级(详细)流程。例如,总体流程的应用目标是进行深化设计,优化管线排布,在二级流程图中则可以将分包团队的工作进行详细拆分,建立多专业间的交互工作流程,明确优化内容,统一优化方案。详细流程图需要将工作内容责任到人,需要引用的信息内容、建立的模型,以及与其他任务共享的信息都可以在其中示意。

通过二级流程图的制作,项目团队不仅可以快速完成流程设计,也可识别其他重要的 BIM 应用信息,包括:合同结构、BIM 交付需求和信息技术基础架构等。

BIM 应用流程总图的设计可参考如下过程:

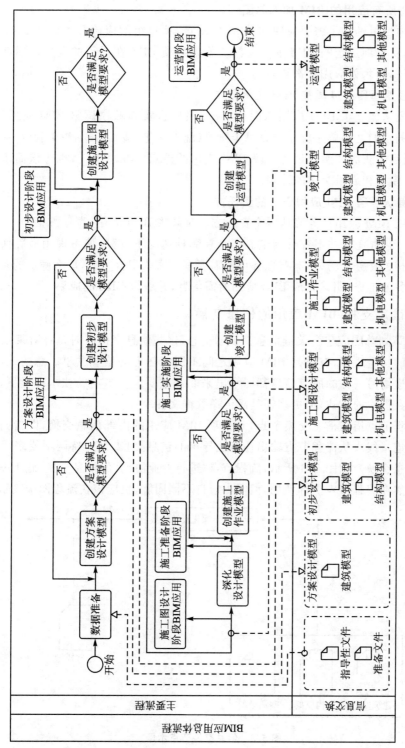

图5.2　BIM应用总体流程图

(1) 将所有应用的 BIM 加入总图

一旦项目组确认了将要应用的 BIM 应用点,项目组就应该开始设计 BIM 应用流程总图,将每项选定的 BIM 加入总图。如果某项 BIM 在项目的全生命周期的多个阶段应用,则每处应用点都要表达。

(2) 根据项目进度调整 BIM 应用顺序

项目团队建立了 BIM 应用总图后,应按照项目实施顺序调整 BIM 应用顺序。建立总图的目的之一就是标示项目每个阶段(施工深化、施工管理、竣工验收)应用的 BIM,使项目团队成员明晰每个阶段 BIM 应用的重点。在总图上,也应该简单地标示出 BIM 模型和成果交付的计划。

(3) 确认各项 BIM 应用任务的责任方

为每项 BIM 应用任务确认一个责任方。对某些 BIM 应用,责任方很明确;对某些 BIM 应用,责任方并不容易判定。不管在哪种情况下,都应该考虑用最胜任的团队来完成相关任务。另外,有些任务可能需要多个团队配合完成,那么确认的责任方负责协调各方工作,明确完成 BIM 应用所需信息,并获得 BIM 的成果。

(4) 确定支持 BIM 应用的信息交换

BIM 策划总图应包含关键信息交换的信息,这些信息交换有时是针对某项 BIM 应用内部的特定过程,有时是 BIM 应用之间不同责任方的信息共享。总的来说,将从一方传递给另一方的所有信息都标示出来非常重要。在当前的技术环境下,虽然也有共享数据库的方式,但更多还是靠传递数据文件完成。

从流程节点指向信息交换节点,是某项 BIM 应用的内部信息交换,即指向流程节点输入连接线或从流程节点输出连接线导出的信息交换,是支持两项或多项 BIM 应用的信息交换。如图 5.3 所示,流程节点"进行专业协调"的信息交换,施工图设计的模型虽然在流程节点内部使用,但因为来自不同团队,也应该在流程图中表示。

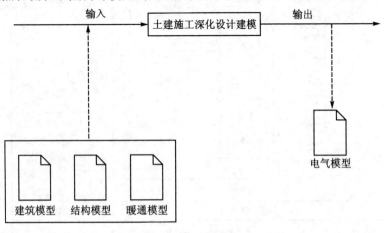

图 5.3 信息交换节点示例

5.3　项目控制

5.3.1　质量控制

BIM 质量控制管理:为了确保质量,在每一个项目阶段和信息交流之前,BIM 项目负责人必须预先规划每个 BIM 项目模型的内容及其详细程度,并且负责更新模型。

BIM 项目负责人在规划过程中应建立数据质量的标准,在每个主要的 BIM 阶段,质量控制必须完成,如设计审查、协调会议等。

确定质量控制方法:

① 目视检查:确保没有多余的模型组件,并使用导航软件检查是否遵循设计意图;

② 检查冲突:由冲突检测软件来检测两个(或多个)模型之间是否有冲突问题;

③ 建成检查冲突;

④ 标准检查:确保该模型遵循团队商定的标准;

⑤ 元素验证:确保数据集没有未定义的元素。

质量检查报告的格式可参考表 5 - 2。

表 5 - 2　质量检查报告

区　　域	检查方法	检查内容	检查结果	检查人	负责人	整改意见
	目视检查/冲突检查/标准检查/元素验证					

BIM 模型及成果管控要点:

(1) BIM 模型及成果审查要点

① 提交内容是否与要求一致;

② 提交成果格式是否与要求一致;

③ BIM 模型是否满足相应阶段 LOD 精度需求;

④ 各阶段 BIM 模型与提交图纸是否相符;

⑤ 现阶段 BIM 模型是否满足下一阶段应用条件及信息;

⑥ 各阶段 BIM 模型应有符合当前阶段的基础信息。

(2) BIM 模型建模审查要求

① 建筑专业建模:要求楼梯间、电梯间、管井、楼梯、空调机房、泵房、管廊尺寸、

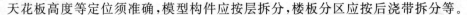

天花板高度等定位须准确,模型构件应按层拆分,楼板分区应按后浇带拆分等。

② 结构专业建模:要求梁、板、柱的截面尺寸与定位尺寸须与图纸一致;管廊内梁底标高需要与设计要求一致。

③ 暖通专业建模要求:影响管线综合的一些设备、末端须按图纸要求建出,例如:风机盘管、风口等;暖通水系统建模要求同水专业建模要求一致。

④ 给排水专业建模要求:一些需要增加坡度的水管须按图纸要求建出坡度。

⑤ 电气专业:要求各系统名称须与图纸一致;桥架规格与图纸一致。

5.3.2 进度控制

在项目规划前期,BIM 项目负责人根据拟定项目进度计划,制订项目实施的 BIM 工作总实施计划,如图 5.4 所示。

项目进度控制管理如下:

① BIM 项目负责人根据项目总实施进度制订各阶段 BIM 实施进度计划,确定模型及成果提交节点及时间;

② 各阶段 BIM 实施团队根据 BIM 项目负责人制订的 BIM 实施进度计划,要求在计划日期内在项目协同平台上提交 BIM 成果;

③ BIM 项目负责人审核 BIM 模型及成果是否满足交付规格及要求,没达到要求的应填写修改意见单并反馈至 BIM 实施单位,BIM 实施单位修改后重新提交;

④ BIM 实施计划应根据项目实施过程实现过程监督及偏差分析;

⑤ BIM 实施进度没能按计划实施的,应追踪查明延误原因,及时纠正偏差并追究相关方责任。

5.3.3 交付成果要求

模型提交成果应符合业主要求,常规 BIM 交付要求分为格式要求和成果内容两大部分。

1. 成果交付格式

BIM 应用成果需提供原始模型文件格式,对于同类文件格式应使用统一的版本,常用数据交付格式如表 5-3 所列。

2. 成果交付内容

BIM 技术应用广泛,交付内容会根据业主的需求发生很大变化,一般以合同为准。中大型企业一般会根据项目需求制定项目的成果交付标准。模型交付时可参考以下标准:

(1) 模型拆分类型

模型拆分按各个建筑的单体、专业、区域或楼层进行拆分。拆分原则如下:

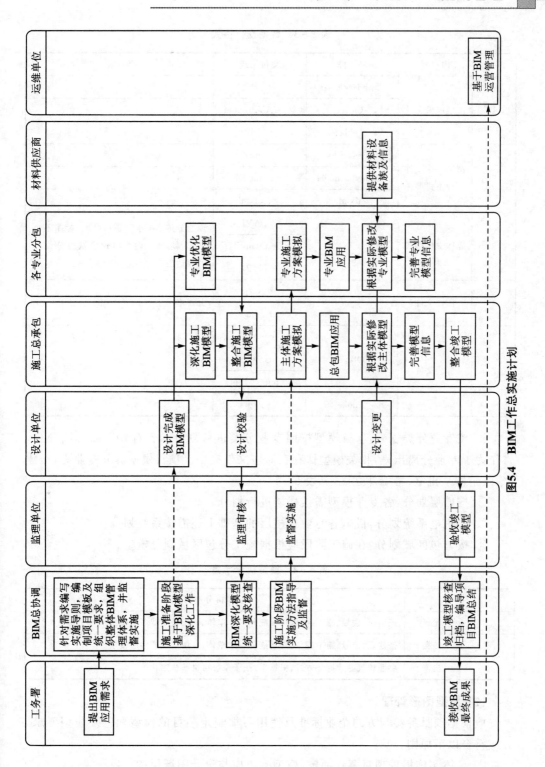

图5.4　BIM工作总实施计划

表 5-3 数据交付格式

序 号	内 容	软 件	交付格式	备 注
1	模型成果文件	AutodeskRevit	*.rvt	
		Catia	*.CATProduct	
		Tekla	*.DB1	
2	浏览审核文件格式	Navisworks	*.nwd	
		Bentleyi-model	*.i-model	
		3dxml	*.3dxml	
3	媒体文件格式	/	*.AVI	原始分辨率不小于 800×600,帧率不小于 15 帧/秒。内容时长应以充分说明所表达内容为准
			*.wmv	
			*.MP4	
4	图片文件	/	*.jpeg	分辨率不小于 1 280×720
			*.png	
5	办公文件	Office	*.doc/ *.docx	
			*.xls/ *.xlsx	
			*.ppt/ *.pptx	
		Adobe	*.pdf	

① 按专业分类划分:项目模型按照专业分类进行划分。若有外立面幕墙部分,将作为子专业分离出来,相关模型保存在对应文件夹中。项目模型拆分专业为:土建(建筑结构)、机电、幕墙外立面,见表 5-4。

② 按楼层划分:各专业模型需按楼层进行划分。

③ 按机电系统划分:机电各专业在楼层的基础上还需按系统划分。

④ 按分包区域划分:在施工阶段应根据施工分包区域划分模型。

表 5-4 模型拆分示意

序 号	专 业	模型拆分规则
1	建筑	按建筑、楼号、施工缝、构件功能分一个单体、一层楼层或多层楼层
2	结构	按建筑、楼号、施工缝、构件功能分一个单体、一层楼层或多层楼层
3	机电	参照建筑专业拆分方式,根据系统、子系统可进一步细化

(2) 模型图形管理

应根据项目各参与方的企业标准及使用习惯制定项目的模型配色及线型要求,并应符合以下原则:

① 具体实施根据项目要求而定,模型颜色应与设计图纸保持一致。

② 模型二维配色及线型应清晰鲜明,符合出图标准要求。

③ 机电专业可根据系统划分三维配色体系,三维配色应采用不同色系方便区分不同系统分类;机电专业管线构件命名及配色按企业标准制定。

(3) 单位设置

项目样板文件定义单位及坐标基本参数,设置参考内容如表5-5所列。

表5-5 信息模型单位、坐标要求

序　号	设置内容
1	项目单位为 mm
2	使用相对标高,±0.000 即为坐标原点 Z 轴坐标点
3	为所有 BIM 数据定义通用坐标系
4	建立"正北"和"项目北"之间的关系
5	依据施工图纸正确定位项目的地理位置和朝向

(4) 模型构件命名

项目实施前期,为统一实施管理,应制定模型构件命名方式,模型中的构件命名应包括:构件类别、构件名称、构件尺寸。其中,构件名称应与设计或实际工程名称一致,见表5-6。

表5-6 模型构件命名表

专　业	构件分类	命名原则	举　例
建筑	幕墙	墙类型名-墙厚	NQ-150 mm
	内填充墙		
	外填充墙		
	隔断墙		
	楼、地面板	楼板类型名-板厚	LB-100 mm
	屋面板	屋面板-板厚	WB-150 mm
	楼梯、扶梯、电梯、门窗	与设计图纸一致	与设计图纸一致
结构	承重墙	墙类型名-墙厚	JGQ-300 mm
	剪力墙		
	楼、地面板	楼板类型名-板厚	LB-200 mm
	框架柱	柱类型名-尺寸	Z-800×800
	构造柱		
	混凝土梁	梁类型名-尺寸	L-600×300

专 业	构件分类	命名原则	举 例
机电	风管	风管类型	矩形镀锌风管
	水管	管道材质	热镀锌钢管
	桥架	桥架类型-系统	CT-普通强电
	设备	与设计图纸一致	与设计图纸一致

(5) 模型扣减规则管理

在模型建立过程中,若构件位置重叠,会影响后期工程量的计算,且在模型展示的过程中,也会由于构件重叠,无法进行高质量的显示。因此,为保证在应用阶段工程算量的准确性,规范算量原则,保证模型显示的质量,通常会根据算量规范制定一整套模型扣减规则。具体扣减按构件类型进行划分:

1)混凝土柱(扣减规则见图 5.5)

① 结构柱:工程量按全长计算。

② 建筑柱:有梁板按梁底到板顶计算;无梁板按板底到下一层板顶计算。与砖墙嵌接部分的体积并入柱身体积内按设计图以体积计算。

③ 依附柱上的牛腿:并入柱身体积按设计图尺寸以体积计算。

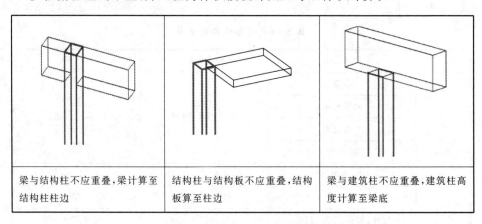

梁与结构柱不应重叠,梁计算至结构柱柱边	结构柱与结构板不应重叠,结构板算至柱边	梁与建筑柱不应重叠,建筑柱高度计算至梁底

图 5.5 混凝土柱扣减规则

2)混凝土梁(扣减规则见图 5.6)

① 梁与结构柱连接时,梁长算至柱侧面按设计图所示尺寸,以设计结构砼体积扣除钢筋及孔道体积计算。

② 主梁与次梁连接时,以梁长计算至主梁侧面。

③ 梁与墙连接时,梁长算至墙内侧面,若伸入混凝土墙内梁部分,该体积按墙计算;若墙为砌块(砖)墙时,伸入墙内的梁头和梁垫的体积并入梁的工程量中。

④ 结构板中的暗梁、加强梁、环框梁并入其余梁的工程量,由于结构的特殊性,

统计时应单独列出。

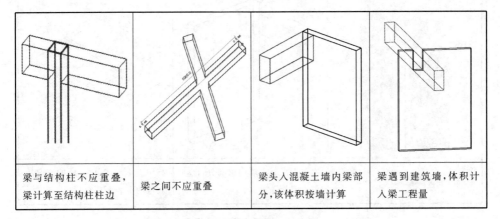

| 梁与结构柱不应重叠，梁计算至结构柱柱边 | 梁之间不应重叠 | 梁头入混凝土墙内梁部分，该体积按墙计算 | 梁遇到建筑墙，体积计入梁工程量 |

图 5.6　混凝土梁扣减规则

3）混凝土板（扣减规则见图 5.7）

① 板与梁、墙之间的倒角并入相应的工程量中。

② 底板计算至墙外侧面，中板及顶板计算至墙的内侧面。

③ 混凝土板中的梁应并入梁的工程量，将梁与板的公共部分在板的建模中剪切出来。

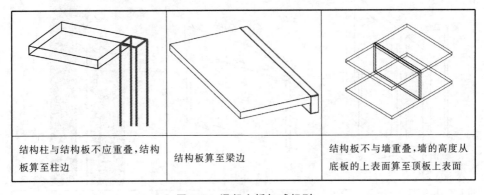

| 结构柱与结构板不应重叠，结构板算至柱边 | 结构板算至梁边 | 结构板不与墙重叠，墙的高度从底板的上表面算至顶板上表面 |

图 5.7　混凝土板扣减规则

4）混凝土墙（优先级等同于柱）（扣减规则见图 5.8）

① 墙结构中的暗梁，暗柱及墙突出部分并入相应的混凝土梁、柱及墙的工程量中。

② 墙与板连接时，墙的高度从底板的上表面算至顶板上表面。

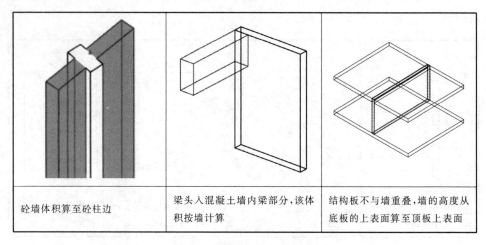

砼墙体积算至砼柱边	梁头入混凝土墙内梁部分,该体积按墙计算	结构板不与墙重叠,墙的高度从底板的上表面算至顶板上表面

图 5.8　混凝土墙扣减规则

5）砌体墙（扣减规则见图 5.9）

① 砌体墙之间不能重叠。

② 砌体墙体积计算至梁底。

③ 砌体墙体积算至柱边。

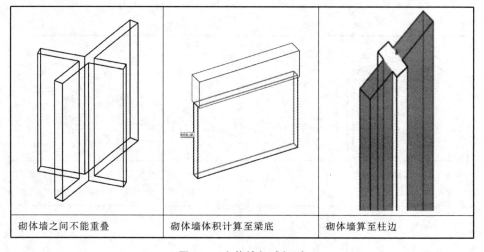

砌体墙之间不能重叠	砌体墙体积计算至梁底	砌体墙算至柱边

图 5.9　砌体墙扣减规则

3. 项目文档管理

项目过程中所产生的文件可分为三大类：依据文件、过程文件、成果文件。

项目实施过程中,各参与方根据自身需求及实际情况对三类文件进行收集、传递及登记归档。其中,依据文件包括设计条件、变更指令、政府批文、国家地方法律、规范、标准、合同等；过程文件包含会议纪要、工程联系函等；成果文件包含 BIM 模型文件及 BIM 应用成果文件,按照合同约定节点及时提交给 BIM 项目负责人。

在项目实施过程中文件构架体系如图 5.10 所示。

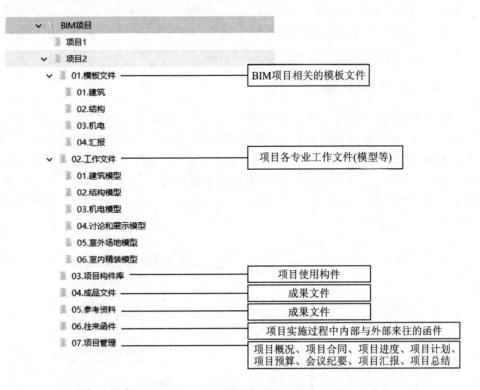

图 5.10　BIM 项目文件管理构架

项目文件繁多,除了对文件构架体系及目录有所设定外,对于项目文件的命名也需要有所规范,方便第一时间查找和了解项目文件的相关信息,对于过程文件的管控可以减少合同纠纷,明确责任到人制度。

项目文件命名主要考虑文件名的长度和操作性,可以按照项目实施阶段对文件命名,且应该对字符进行限制,具体规则如图 5.11 所示。

示例:"设计/施工/竣工阶段"模型文件命名格式:DS‐CP‐F‐M。

图 5.11　BIM 项目文件命名规则

图中:

D——工程编号,为设计合同号后 4 位,字符限制 4 位数字。

S——子项编号,用于有多个子项或分区的工程设计项目,字符限制 1 位字母和

　　1 位数字,无多个子项,字符为 xx。

C——阶段,设计阶段、施工阶段、竣工阶段。

P——专业,总图、建筑、结构、给排水、电气、弱电、暖通、燃气。

F——楼层,如果项目进一步细分,用于识别模型文件垂直方向的关系。

M——描述,用于说明文件中的内容,避免与其他字段重复。此信息用于解释前面的字段,或进一步说明所包含数据的其他方面。

5.3.4　BIM 团队管理

项目初期就应配备专门的团队完成 BIM 应用,以及对项目管理人员的 BIM 应用培训,后期可由项目管理人员自行进行 BIM 应用,总包 BIM 负责人、各专业 BIM 负责人及 BIM 工程师可由项目管理人员专职或兼职,项目 BIM 管理部宜由总包单位与分包方 BIM 小组共同组成,人员数量根据项目大小进行调整,各专业分包单位 BIM 小组在项目总包 BIM 负责人的统一管理和组织下开展 BIM 工作。BIM 组织架构如图 5.12 所示。

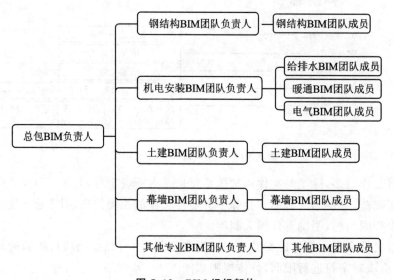

图 5.12　BIM 组织架构

项目 BIM 团队及总包管理人员需要明确自己的 BIM 工作职能,了解或掌握 BIM 知识和相关应用技术,在同一个框架内进行 BIM 的相关工作,共同进行项目管理。BIM 团队可以按表 5-7 进行工作职责划分。

各专业 BIM 工程师按规划及计划完成本专业的 BIM 模型后,交由总包单位进行整合,根据整合结果,定期或不定期进行审查。由审查结果反推至目标模型、图纸进行完善。

表 5 - 7 　 BIM 团队职责分工

团队名称	工作职责
土建 BIM 团队	接收自身合同范围内的施工图设计模型,进行必要的校核和调整,完善成为施工深化模型,并利用 BIM 解决可能存在的设计、碰撞、优化、施工关键工艺等问题,并进行校核和调整,配合 BIM 总协调团队完成相关 BIM 工作
机电 BIM 团队	基于施工图设计模型等资料,检查各个机电专业间综合管线碰撞问题的同时,还要看其是否符合整体管线净高,并进行必要的复核和调整,向总包 BIM 团队提交相关碰撞检测报告、机电管线综合报告,利用 BIM 技术进行项目实施管控,根据项目实施进展录入机电安装信息参数,配合 BIM 总协调团队完成相关 BIM 工作
其他 BIM 团队	作为本项目的专业承包单位,负责合同范围内的 BIM 模型建立和维护工作。对总承包单位提供的 BIM 模型进行深化、更新和维护,利用 BIM 模型指导实际施工,配合总承包单位的 BIM 工作,并提供 BIM 应用成果
材料设备供应商	提供材料信息及设备 BIM 构件模型,提供的 BIM 构件模型应该包含的材料设备参数及信息
造价咨询单位	利用 BIM 技术辅助进行工程概算、预算及竣工结算工作。在出现变更时,运用 BIM 技术进行变更前后造价对比

参考文献

[1] 李云贵,何关培,邱奎宁.建筑工程施工BIM应用指南[M].北京:中国建筑工业出版社,2017.

[2] BIM工程技术人员专业技能培训用书编委会.BIM应用与项目管理[M].北京:中国建筑工业出版社,2016.

[3] 王广斌,谭丹.建筑信息模型(BIM)综合应用[M].北京:高等教育出版社,2020.

[4] 李云贵.建筑工程施工BIM应用指南[M].北京:中国建筑工业出版社,2017.

[5] 王琳,潘俊武.BIM建模技能与实务[M].北京:清华大学出版社,2017.

[6] 中华人民共和国住房和城乡建设部.中华人民共和国国家标准建筑制图标准:GB/T 50104—2010[S].北京:中国计划出版社,2011.

[7] 中国建筑标准设计研究院.国家建筑标准设计图集 混凝土结构施工图平面整体表示方法制图规则和构造详图(现浇混凝土框架、剪力墙、梁、板):16G101-1[S].北京:中国计划出版社,2016.

[8] 中华人民共和国住房和城乡建设部.建筑电气制图标准:GB/T 50786—2012[S].北京:中国建筑工业出版社,2012.

[9] 李军,潘俊武.BIM建模与深化设计[M].北京:中国建筑工业出版社,2019.

[10] 中国建筑工业出版社.建筑模板脚手架标准规范汇编[S].北京:中国建筑工业出版社,2016.

[11] 中华人民共和国住房和城乡建设部,中华人民共和国国家质量监督检验检疫总局.混凝土结构工程施工规范:GB 50666—2011[S].北京:中国建筑工业出版社,2011.

[12] 中华人民共和国住房和城乡建设部.建设工程高大模板支撑系统施工安全监督管理导则[S].北京:中国建筑工业出版社,2009.

[13] 中华人民共和国住房和城乡建设部.危险性较大的分部分项工程安全管理规定[S].北京:中国建筑工业出版社,2018.

［14］中华人民共和国住房和城乡建设部，中华人民共和国国家质量监督检验检疫总局.中国建筑工程设计信息模型制图标准：GB/T 51212—2016［S］.北京：中国建筑工业出版社，2016.

［15］宋家宏.BIM 技术国内外发展现状与趋势［J/OL］.［2017-05-10］.https：//zhuanlan. zhihu. com/p/26875979.

［16］市政工程｜全生命期优秀 BIM 应用案例［J/OL］.［2018-07-14］.https：//www. sohu. com/a/242682625_99899348.

［17］段文婷.BIM 应用于体育建筑设计研究［J］.建筑技艺，2013（2）：210-213.